KB067968

엄마와
함께
춤을

엄마와 함께 춤을

사랑하는 사람과
자유여행을 하는
열일곱 가지 방법

글·사진 **오수정**

harmonybook

'절대 엄마처럼은 안 살 거야.'

헌신을 거듭해 자기 삶이라고는 없어진 엄마. 넘칠 만큼 고맙지만 슬프다. 엄마처럼은 살고 싶지 않다고 생각했다. 엄마는 엄마, 가장, 선생님, 살림꾼, 조언자, 운전기사였다.

어느 날 엄마 얼굴을 보다, 꽉 패여 돌아오지 않는 미간 주름과 팔자주름이 눈에 들어왔다. 툴툴거리며 손을 잡아보니, 손톱 옆 살은 딱딱하게 굳어져 갈라져 있었다.

'내 손은 이렇게 보드라운데…….'

'나는 세상 어디도 다 다녀왔는데…….'

그날 갑작스레 엄마에게 제안하고 말았다. 종종 생각만 하던 그 여행을.

"엄마, 나랑 여행 갈래?"

"어디로?"

"엄마 가고 싶은 나라 있어?"

"파리도 가고 싶고, 이탈리아도 가고 싶고~"

"다른 데는 없어?"

"……."

엄마가 들어 본 여행지라곤 그 두 이름이 전부.

"이모가 다녀왔는데 이탈리아가 그렇게 좋대."

'난 이탈리아 두 번 다녀왔는데…… 엄마는 한 번도 못 가봤네.'

엄마가 비행기 타고 바다를 건너본 건 '제주도 신혼여행' 때가 마지막이
랬다. 그 후로 30년 동안 딸은 항공권에 Frequent flyer가 찍혀 나올 때
까지, 온 세상을 돌아다녔는데. 그때마다 엄마는 내가 카카오톡으로 건
네는 사진을 집에서 열어보고 또 열어봤겠지.

아, 이제는 엄마와 여행을 가야겠다. 맨손으로 두 남매를 길러내느라
교양과는 거리가 먼 평범한 아줌마. 늘 "딸이랑 같이 여행 갈래~" 외치
는 약간 통통하고 귀여운 여자. 해태 에이스 과자를 커피믹스에 찍어 먹
기를 즐기지만, 얼마 전 건강검진에서 혈중 콜레스테롤이 높게 나와버려

더는 커피믹스를 못 마시게 된 보통의 50대.

　세계 여행자 딸과 30년 전 제주도 신혼여행이 마지막이었던 엄마가 함께 여행했다. 딸은 세상을 여행하며 체득한 방식으로 엄마를 잘 모셔보고 싶었지만, 엄마 마음은 가끔 다르기도 했다. 엄마와 함께할 시간은 한정되어있고, 엄마와 같이 여행할 기회는 더 적다.

　엄마와 함께 여행 가기를 꿈꾸는 사람이 있다면 모처럼 함께 떠나게 된 길, 웃음과 행복만 가득하기를 진심으로 바란다.

Contents

Contents

제2장
엄마 친구들은 다 한 번씩 가 봤다는, 태국

제3장
비슷한 듯 다른, 베트남

Contents

제4장
효도 여행의 근본, 중국

제5장
매일 떠날 순 없잖아, 일상에서 떠나는 효도 여행

제1장

그동안 고생 많았잖아요

엄마 우리 여행갈까?

지난 십 년간 온 세상을 돌아보고 온 딸. 처음엔 내 생각만 해서 외국 가면 '엄마'는 떠오르지도 않았다. 먹거리나 작은 기념품을 사 들고 오면 좋아하던 엄마. '나'만 생각하자며 떠난 여행길이 길어질수록 종종 엄마 생각이 났다. 예쁜 찻잔을 보면 꽃무늬 그릇 좋아하는 엄마 생각이 났고, 고급인 척하는 싸구려 캐시미어 상점에 들르면 '빨간 숄이 잘 어울릴 텐데' 싶어 괜히 한 장 사게 되었다. 딸이 온 세상을 떠도는 동안, 핸드폰으로 건네받은 사진만 확대하고 확대해 봤을 엄마.

'다음엔 엄마도 모시고 와야지'

생각은 했다. 그래도 내 욕심이 앞서서 더 먼 곳, 더 특이한 나라엘 가고 싶었지만. 그간 엄마보다는 내가 우선이었다.

"엄마, 우리 여행갈까?"

"진짜? 엄마도 데리고 가 주는 거야? 진짜야?"

이렇게 덥석 물 줄 몰랐다. 소녀처럼 눈이 단숨에 왕방울만 해져 묻고 또 묻는 엄마. 이토록 좋아하는데, 이 한마디를 건네기까지 왜 이리 오래 걸렸던 걸까?

엄마가 왜 이렇게 쌍수 들고 기뻐하는지, 알 만도 하다. 30년 전, 엄마는 아빠를 만나 딸 하나와 아들 하나를 삼 년 터울로 낳았다. 결혼 전에 학원 선생님으로 일하기도 했다지만, 그 당시 엄마들이 대부분 그랬듯 아이 낳고는 전업주부가 되었다. 서로 쥐어뜯고 싸워대는 남매지만 나 닮은 애들 커 가는 재미에 본인 늙는 줄도 몰랐댔다. 그럭저럭 평화로운 이 모습은 영원하지 못했다. 남편의 사업 도전과 실패. 십여 년간 주부로만 살아왔지만, 당장 집에 딱지가 붙으니 달라져야 했다. 경력도 사회 경험도 없는 아줌마가 할 수 있는 일이란. 예나 지금이나 많지는 않은 모양이다. 수소문으로 시작한 일이 바로 고등학교 매점 장사였다.

　매점 장사란 그런 듯했다. 학생들이 등교하기 전에 출근해 빵과 음료수를 상자째로 배달받았다. 상자에서 물건을 꺼내 냉장고와 선반에 채우고 있자면 하나둘 아이들이 등교한댔다. 겨울에는 히터 하나, 여름에는 선풍기 하나에 의존해 작은 가건물 안에서 온종일 홀로 버텨야 하는 일. 쉬는 시간마다 전투 같은 장사를 해내며 긴긴 세월을 일궈왔다. 엄마는 동이 트기 전에 집을 나서서 해가 다 지고도 한참 뒤에야 집에 왔다. 하도 찬바람 맞으며 상자를 뜯고 돈을 받아서, 엄마 손톱 옆은 딱딱하게 굳어 있을 때가 많았다. 겨울이면 굳은살은 더 건조해졌고 가만둬도 찢어져 피가 나기도 했다. 아직 돈벌이를 하지 않던 시절, 어버이날이면 화장품 가게에서 핸드크림 세트를 샀다.

　"엄마, 손이 이게 뭐야. 핸드크림 좀 가게에 두고 발라. 그리고 일할 때 장갑이라도 껴."

"아이고, 장갑 낄 새가 어딨니! 장갑 끼면 동전이 잘 잡히지도 않는구만."

종일 추위 그리고 먼지와 사투하기에 그깟 핸드크림을 바르고 발라도 항상 손은 그대로였다. 엄마가 보낸 낮을 보여주는 증거 같았다. 마디가 퉁퉁 붓고 손톱 거스러미가 잔뜩 일어난 엄마 손을 잡으면 때때론 눈물이 차오를 것만 같았다. 펜만 잡아 하얗고 보드라운 내 손과 비슷하게 생겼는데 이토록 다른 질감이라니.

"손가락이 어쩜 이렇게 예뻐, 우리 딸~"

엄마는 본인 손 마디가 어린 대나무만큼 굵어져도 아랑곳하지 않았다. 우리 아들딸, 잘 먹이고 잘 뒷바라지만 할 수 있다면.

새벽같이 시작한 매점 장사가 끝난다고 엄마의 하루가 끝나는 것은 아니었다. 자식들이 공부 마치고 올 시간에 맞춰서 저녁도 차려야 했고 때로는 늦게 끝날 학원 시간에 맞추어 직접 데리러 가야 하기도 했다. 가족들의 내일 아침 반찬거리까지도 대충 준비해둬야 엄마의 하루는 끝났다. 내 밥벌이를 시작하고야 생각해보건대, 그 시절 엄마가 온 가족의 밥벌이를 해내기란. 두어 개의 문단으로 요약하기에는 너무 많은 힘겨움이 있었을 것 같다. 그렇지만 어떤 상황에도 '우리 애들' 기죽을까 봐 형편에 관해선 내색하는 일이 없었다. 학원이라면 보내 달라는 대로 보내주고 유행하는 패딩도 사달라면 사입혔다. 당신은 파마도 육 개월에 한 번 말고 다 쓴 립스틱 바닥까지 싹싹 긁어 쓰면서도, 내 새끼들은 남부럽지 않게 키워내고자 했다.

'나는 엄마처럼 살 수 있을까?'

단언컨대 못한다. 나는 엄마처럼은 못살 것 같다.

엄마는 우리가 성실하게 살 수 있는 본보기였고, 엇나가지 않게 붙잡아
주는 등대였으며, 제 삶이 다 없어지고 줄도 모르고 우선 희생하는 촛불
이었다. 그 집의 장녀로 살아내느라 나 역시 감정이 촉촉하지는 못하다.
이런 내가 첫 문장부터 눈물이 팍 터져버린 책이 있다. 한 장 한 장 넘기
는 동안 끊임없이 눈물이 뺨을 타고 줄줄 흘렀다.

> *'나는 이제 갈 거란다. 잠시 내 무릎을 베고 누워라. 좀 쉬렴. 나 때문*
> *에 슬퍼하지 말아라. 엄마는 네가 있어 기쁜 날이 많았으니.'*
> *- 《엄마를 부탁해》 신경숙, 창비, 2008*

엄마와 함께할 시간이 영원하지 않을 수도 있겠구나, 문득 두려워졌다.
무한한 양보와 희생을 삶으로 보여준 엄마. 내가 부족한 경험을 쌓기 위
해 온 세상 돌아다니는 동안 응원만 해준 엄마. 이제는 엄마도 외국 구경
을 한번 시켜 드려야겠다. 내가 손톱만큼 잘하는 일인 여행으로, 엄마 손
톱 옆 굳은살만 하게라도 보답을 해야겠다.

어디 가고 싶은 곳 있어?

"엄마, 어디 가고 싶은 나라 있어?"

"엄마는 파~리~도~~ 가~고 싶~고~~, 이탈~리~아도~~ 가고~~ 싶고~~"

엄마는 신날 때마다 답변을 트로트 같은 곡조에 실어 말하곤 한다.

"다른 데는?"

"……."

"근데 엄마, 유럽 가려면 비행기 12시간 넘게 타야 하는 거 알아? 환승이라도 하면 훨씬 더 걸리고."

"12시간? 그동안 계속 앉아있어야 하는 거야?"

"당연하지. 화장실 갈 때 빼고는 거의 자리에 앉아있어야 해."

"아이고, 그건 너무하다. 엄마 그렇게 오래 앉아있을 수 있을까…?"

아빠 사업에 숨통이 트이고서 엄마는 얼마 전 장사를 접었다. 숨 고를 여유도 없이 흘러온 10년이다. 엄마의 40대가 송두리째 사라진 것만 해도 아쉬운데, 그간 건강도 부쩍 나빠져 버렸다. 게다가 중풍 온 할머니까지 우리 집에 모시게 된 상황이다. 겨우 아이들 다 키우니, 아이가 되어버린 할머니가 다시 엄마 몫이다.

"할머니 혼자 오래 두고 갈 수 없고……. 엄마는 처음이니까 그럼 좀 가까운 데로 가자."

짧은 토의의 결론, 가깝고 멋진 곳으로 가자.

몇 시간 이내로 갈 수 있는 곳? 중국, 일본, 동남아로 그 후보가 추려졌다. 여행 일정은 2주일. 그 시간 안에 색다른 경험할 수 있는 문화권이라면? 중국과 일본보다는 동남아시아가 낫겠다. 태국, 캄보디아, 말레이시아, 싱가포르, 베트남, 라오스 정도가 세부 후보였다. 사진을 보여주고 엄마가 여행지를 고르라고 해볼까 싶어 스마트폰을 들었다.

"엄마, 여기는 태국 사원이야. 금색으로 온통 발라놓아서 화려하대. 어때?"

"와! 멋지네!"

"엄마, 이 사진이 그 유명한 앙코르와트야. 정글 속 수백 년 전 유적지, 들어봤지? 어때?"

"오, 이것도 멋지네. 이건 엄마도 홈쇼핑에서 패키지여행으로 파는 거 많이 봤어."

"그래? 그러면 여기도 괜찮단 말이지? 여긴 어때? 싱가포르는 도시국가인데 작아도 깨끗하고 볼 것이 많대."

"깔끔해 보이네. 여기도 엄청 멋지다 얘."

"라오스도 요즘에 한국인이 엄청 많이 간대. 꽃보다 청춘 봤어? 여기 파란 폭포에서 수영도 하고 놀이기구도 탄대."

"아구, 이건 무섭겠는데! 여기 가면 엄마도 수영복 입어야 해?"

"아니, 꼭 입어야 하는 건 아니지. 엄마, 베트남도 알지? 하롱베이 들어봤어?"

"어어 그래 하롱베이 들어봤지. 막 배 타고 구경하는 곳이잖아. 거기 엄마도 가 보고 싶었어."

"근데 우리 여기 다 갈 수는 없어. 이 중에 두 나라 정도만 골라야 해."

"응? 이거 다 가는 거 아니었어?"

"2주 동안 여길 어떻게 다 가!"

"다 멋져 보이는데, 그냥 다 가면 안 되나?"

"여기 다 가려면 2달은 잡아야 할걸?"

"아이구, 집에 할머니 혼자 두고 그렇게는 안 되지."

어떤 사진을 보여줘도 그저 좋다고만 말하는 엄마. 어디로 가야 짧은 시간 동안 만족스러운 경험이 될까? 혼자 간다면 이토록 고민스럽지는 않았을 텐데. 몇 날 며칠 인터넷을 뒤지다 마침내, 결론에 도달했다.

'한국인에게 유명한 곳은 이유가 있다.'

30년 만의 해외 여행지로 엄마 친구 아줌마들은 이미 한 번쯤 다 다녀왔다는 '태국과 베트남'을 가기로 했다. 도시와 바다와 산을 모두 경험하고 싶었다. 태국 방콕, 아시아 최대 관광도시에서 패키지 관광 못지않은 체험과 쇼핑을 할 계획이다. 시간 여유가 없지만, 내가 좋아하는 바다 구경도 놓칠 수 없다. 방콕과 가까운 파타야에서 해양 레포츠도 체험하려 했다. 혹시 엄마도 나만큼 바다를 좋아할지 모르니까. 그리곤 베트남 하노이로 넘어가서 태국과 다른 베트남 도심을 구경하며, 엄마의 최애-푸

드인 커피도 베트남 버전으로 맛볼 생각이다. 피날레로는 하롱베이에 가서 보트투어를 하며 산과 물이 어우러진 풍경을 눈에 담아야지. 끝이 좋으면 다 좋은 거니까.

엄마랑 30년을 살았지만, 엄마가 뭘 좋아하는지 사실 잘 모르겠다. 엄마 역시 당면한 삶들에 치여 모두 잊은 것 같기도 하다. '해외여행'하면 떠오르는 것들을 짧은 시간이나마 모두 함께하고 싶었다. 다른 아줌마들이 해 봤을 법한 경험 그리고 우리 딸이랑 다녀왔다고 자랑할 만한 경험이 모두 중요했다.

2주, 길다면 길고 짧다면 짧을 휴가 기간. 엄마가 지치지 않을 만큼, 하지만 다시 오지 않을 그 시간이 낭비되지 않을 만큼 야무지게 일정을 짰다. 혼자 가던 여행이라면 이만큼 따지지 않았을 숙소 역시도 살뜰히 찾았다. 숙소 위치, 청결, 예산, 조식 등 고려할 것이 많았다. 다행히 세계적 관광지인 방콕, 파타야, 하노이라 숙소의 선택지는 풍부했다.

'기본적으로 깨끗해야 하겠지. 엄마는 아침 꼭 먹으니 조식도 나와야 하겠고. 더블 침대보다는 트윈 침대가 더 편할 거야. 위치는 이동하기 좋게 시내 중심으로 해야지.'
라고 숙박 예약 사이트에서 모든 필터를 클릭한 뒤 검색 버튼을 눌렀다. 교집합을 모두 만족하는 숙소 가격이란, 역시 만만치가 않다. 조금씩 필터 단계를 낮춰가며 현실과 타협을 해야 했다. 혼자 여행할 때보다 몇 배로 신경 쓴 준비가 필요했다. 그래도 엄마에게 좋은 시간을 선물할 수 있다면, 이 정도는 고생도 아니었다.

여행 팁 1 : 여행지 선정과 코스 짜기

아직 가 보지 않은 여행지에 대해 부모님께 어떨 것 같냐고 묻는다면 '다 좋다!'는 답변이 돌아올 확률이 높다. 그래서 거기서 뭘 하고 싶냐고 물으면 아무 대답도 돌아오지 않을 가능성이 크고. 평소 부모님의 취향과 성격을 눈치껏 섞어 여행지를 우선 정하고 코스를 한번 짜 보자. 이를 바탕으로 조금 더 상세한 브리핑을 한다면 솔직한 의견이 흘러나올 가능성이 커진다.

> 자연파 VS 도시파
>
> 바다 VS 산
>
> 미술관 VS 시장
>
> 여행은 자유지! 여유로운 일정 VS 여행은 경험이지! 빡빡하지만 알찬 일정
>
> 숙소가 그래도 제일 중요하지 VS 잠만 자면 되지, 아껴서 맛난 거 먹자
>
> 유명한 액티비티도 다 해볼 거야 VS 활동보다는 편안한 관광이 좋아
>
> 식사는 현지인 맛집에 도전하겠어 VS 한국인에게 유명한 맛집이 안전하지
>
> 그래서 한식은 언제 먹을 거니 VS 여행에서 한식은 사치야
>
> 걸으면서 구경하는 재미 VS 차로 편안하게 돌아보는 재미
>
> 여유로운 조식 VS 야식에 맥주 한 잔

취향과 주어진 시간과 예산을 잘 안배하여 이번 여행 베스트 여행지를 선정하길 바란다. 다만, 우리 부모님과 같이 해외여행 경험이 많지 않다면 '많이 들어 본 곳'을 우선 함께 다녀와 보라고 추천하고 싶다. 오래간만에 떠난 효도 여행, 다녀와서 부모님의 오랜 자랑거리가 될 수 있도록 말이다.

첫 여행의 설렘

 짧다면 짧고 길다면 길, 2주의 휴가를 앞둔 엄마. 신난 티가 났다.
 "이번 여름에 우리 딸이랑 여행 가."
 이 친구 저 친구에게 이미 전화로 자랑을 마친 듯했다.

 첫 목적지는 덥고 습한 태국이었다. 찌는 날씨를 식혀 줄 옷차림이 필
요했다. 엄마의 여행 준비를 돕겠단 명목으로 주말에 본가로 내려갔다.
가자마자 여행에서 입을 옷을 사야겠다며 백화점으로 차를 모는 엄마.
그런데 오는 길 대단하던 설레발과 달리, 막상 도착하니 손 가는 옷은 익
숙한 무채색들 뿐이다.

 "무슨 옷을 사야 해, 딸?"
 "이런 무난한 옷은 그만 사고, 여행지니까 평소에는 안 입는 옷을 사야
지. 엄마 좋아하는 사진 잘 나오는 빨강! 아니면 이런 화사한 색으로 고
르라고."
 사줄 것도 아니면서 딸이 훈계를 내뱉는다.
 "이 원피슨 어때? 시원하니 태국에 딱이다."
 커다란 초록 잎사귀가 인쇄된 긴 랩 원피스가 눈에 띄었다.
 "이런 건 젊은 애들이나 입는 것 아니야? 이걸 아줌마가 입어도 돼?"

"어휴, 이럴 때 아니면 언제 이런 원피스 입어볼 거야. 한번 입어나 봐."

"그럼요, 들어가서서 한번 입어나 보세요."

옷가게 점원도 엄마를 부추겼다.

"다 됐으면 나와 좀."

어색한 표정으로 탈의실에서 나와 거울을 보는 엄마. 의외로 밝은 초록색을 걸치니 얼굴이 더 살아 보였다.

"이거 봐. 의외로 잘 어울리잖아."

"맞아요. 이런 스타일도 너무 잘 어울리셔요. 약간 위로 끈을 묶으시면 뱃살도 커버되고 괜찮잖아요?"

제 것 아닌 옷을 걸친 양, 엄마가 머쓱한 표정으로 원피스 자락을 잡고 이리저리 옷매무새를 살폈다.

"정말 날씬해 보여?"

"그럼, 아니면 당장 벗으라고 했지. 내가 뭣 하러 예쁘다고 하겠어!"

"자꾸 보니 괜찮은 것 같기도 하고……."

"아, 진짜 화사하다. 완전 상큼해 보여! 이걸로 해, 엄마."

"이거 평소에는 안 입을 것 같은데……."

"여행이니까 입어보는 거지. 이걸로 할게요."

엄마의 결심이 무너질까 얼른 카드를 내밀었다. 의외로 화려한 패턴이 잘 어울리는 엄마였다. 오래 걸을지 모르니 바닥이 푹신한 운동화와 샌들도 샀다. 초록 원피스와 연갈색 가죽 샌들을 맞춰 신은 엄마는 평소 머리 질끈 묶고 설거지하던 아줌마랑 다른 사람처럼 보였다.

엄마의 단골 미용실도 들렀다.

"아니, 우리 딸이 이번엔 나 데리고 외국으로 자유여행 간다니까?"

엄마의 말 한마디 한마디에 '여행' 간다는 설렘과 우리 딸이 '자유여행' 데리고 간다는 은근한 자랑이 묻어있었다.

"언니, 딸 하나는 정말 잘 뒀어."

"그치? 태국도 가고 베트남도 간다는 거 아냐."

"언니는 좋겠다. 우리 딸은 언제 나 데리고 가나."

"그러니까 이번엔 특히 더 예쁘게 말아줘야 해. 우리 다음 주에 바로 여행가니까 이번엔 너무 얇게 말지 말아."

이렇게 좋아할걸. 그동안 한 번도 같이 가자고 하지 않았다니.

"우리, 손톱도 바르고 갈래?"

엄마가 많이 신이 났다. 예전에 엄마와 네일아트를 받은 적이 있었다. 집안 식구 세 끼 식사, 설거지, 청소, 빨래를 도맡아 하다 보니 엄마 손톱 위 그림은 그리 오래가지 못했댔다. 예쁘긴 하다만 금방 까져서 오히려 더 지저분해진다던 네일아트를, 오늘은 어찌 엄마가 먼저 하고 가자고 나섰다. 엄마는 좋아하는 화사한 분홍을, 나는 시원한 파랑을 발랐다. 색 고를 때는 별 관심이 없더니 완성된 내 손톱을 보고 엄마가 빵 터졌다.

"너 손이 멍든 것 같다."

"무슨 소리야, 시원해 보이고 예쁘구만."

"분홍색이 훨씬 예쁘다."

"그럼 아까 고를 때 말해줬어야지!"

이토록 단호한 평가라니. 어쨌든 엄마는 완성된 제 손톱에 만족하니 됐다고 생각했다.

이 모든 여행 준비를 마치고 돌아가는 차 안, 엄마 선글라스가 눈에 들어왔다. 엄마가 운전할 때 쓰는 선글라스는 얼굴을 반쯤 가리는 자주색 테에 굵은 큐빅이 군데군데 박힌 모양이었다. 그라데이션 된 선팅까지, 전형적인 복부인 선글라스다.

"엄마, 선글라스도 하나 사지? 이런 거 말고 요즘 스타일로?"

"그럴까? 이거 이상하니?"

"이상하진 않은데……. 더 젊어 보이는 모양이 많으니까…?"

다음 날 또다시 백화점으로 향해야 했다. 마침 여름 휴가철을 앞둔 시기라 매장 입구서부터 선글라스가 수백 개쯤 전시되어 있었다. 각자 제 얼굴에 맞는 걸 고르겠다며 이 디자인, 저 디자인을 걸쳐봤다. 결국 둘이 집어 온 선글라스는 색만 다르고 같은 모양이다. 알이 약간 크고 테 끝이 고양이 눈매처럼 올라가 있어서 젊어 보이는 디자인이었다. 모녀는 이런 취향까지 닮았다.

"그럼 네가 검은색으로 해. 엄마는 밝은색으로 할래."

같은 모양을 엄마는 은색, 나는 검은색으로 샀다.

마지막으로 딸은 인터넷 면세점 사이트에 접속했다. 엄마에게 선물할 립스틱을 사 두기 위해서였다. 다른 사람에게 립스틱을 선물하기란 꽤 부담되는 선택이지만, 다행히 엄마 딸이라 고르기가 쉬웠다. 피부색이 비슷하니 엄마가 즐겨 바르는 립스틱은 내가 발라도 예뻤고 반대도 마찬 가지였다. 내 입술에 잘 어울렸던 립스틱 두 개를 결제해뒀다.

여행 팁 2 : 여행 준비와 체크리스트

부모님과 함께 하는 효도(?)여행을 한번 잘해보자면, 평소보다 더 세심한 준비가 필요했다. '닥치면 다 한다'는 게 개인적인 신념이지만. 낯선 땅을 향한 부모님의 우려는 내 상상보다 커 보였기 때문이다.

마라탕이니 팟타이니 맛보며 향신료에 익숙한 우리 세대와 달리 부모님은 낯선 향신료를 다소 부담스러워했다. 아가씨 시절부터 양식 매니아라 비교적 외국 음식을 좋아하는 편인 우리 엄마도 그랬다. 한국에서 한사코 사 갈 필요 없다고 손사래 치던 '신라면 소 컵'에 물을 부어 맥주와 함께 야식으로 드린 밤, 낮에 스테이크를 썰던 때보다 더 환한 미소가 돌아왔다. 고추장 튜브나 김 봉지까지 깔 기회는 없었지만, K-양념이 가방 속에 들어있단 사실만으로도 마음이 든든했다.

어디서나 잘 먹고 잘 자는 우리와 달리 부모님은 이제 자주 체하고 자주 힘들어하기도 했다. 바로 꺼내 쓸 수 있는 다양한 비상약을 유용하게 활용했다. 혹시 길을 잃거나 예상치 못한 일이 생길 때를 대비하여, 현지 돈과 카드 한 장을 비상금 지갑에 담아 부모님 손가방에 넣어두는 것도 추천할만하다. 숙소 지도와 주소를 캡처하여 부모님 스마트폰에 저장까지 해둔다면 이보다 더 든든할 수는 없을 것이다.

기본준비물	의류	세면도구 및 화장품	비상약	기타용품
☐ 여권	☐ 여벌 옷	☐ 클렌징용품	☐ 감기약	☐ 선글라스
☐ 여권 사본	☐ 속옷	☐ 샴푸/린스	☐ 소화제	☐ 셀카봉
☐ E-티켓	☐ 잠옷	☐ 바디워시	☐ 지사제	☐ 지퍼백
☐ 현지 화폐	☐ 양말	☐ 치약/칫솔	☐ 진통제	☐ 보조가방
☐ 국제 신용카드	☐ 운동화	☐ 기초화장품	☐ 버물리	☐ 반짇고리
☐ 예약 바우처	☐ 샌달/슬리퍼	☐ 색조화장품	☐ 후시딘	☐ 목베개
☐ 볼펜/수첩	☐ 수건 여러장	☐ 선크림	☐ 밴드	☐ 컵라면
☐ 스마트폰	☐ 수영복/래쉬가드	☐ 머리끈	☐ 멀미약	☐ 튜브 고추장
☐ 스마트폰 충전기	☐ 모자	☐ 면봉	☐ 파스	☐ 김
☐ 각종 충전기		☐ 드라이기		☐ 햇반
☐ 보조 배터리				☐ 여행자보험
☐ 멀티어댑터(돼지코)				☐ 기타 비상식량
☐ 카메라				

계절에 따른 용품

모기 기피제, 선 스프레이, 방수팩, 우비, 우산, 경량 패딩, 머플러, 마스크, 손수건

30년 만의 비행기

손꼽아 기다리던 여행 날 아침이다. 사실 오늘은 비행기 타고 방콕에 닿으면 늦은 오후라 바로 숙소로 갈 예정이었다. 이런 이동만 하는 날에 굳이 화장까지 할 필요는 없다고 생각했지만, 엄마는 아침부터 분주했다. 롤 빗과 드라이기로 앞머리를 부풀리고, 눈화장까지 꼼꼼하게 채워 넣는 중이다. 공항버스 시간에 늦을까, 딸은 마음이 급했다.

"아, 엄마 오늘은 버스랑 비행기만 탄다고. 화장 안 해도 돼."

"그래도! 여행 가는데 어떻게 화장을 안하니?"

"아니 여행 가는 건 맞는데, 오늘은 사진 찍을 일이 하나도 없다니까?"

"글쎄, 엄마는 엄마가 알아서 할 테니까 네 짐이나 챙겨라."

화장을 완성한 엄마가 이번엔 원피스와 블라우스 사이에서 갈등하기 시작했다.

"엄마, 이런 날은 편한 옷이 최고야. 오늘 버스 4시간, 비행기 6시간 타야 한다고. 이런 날에 어깨 뽕 들어간 블라우스는 사치일 것 같은데…?"

"그건 듣고 보니 그렇네. 그럼 오늘은 이 원피스 입을게."

야자수 나뭇잎이 그려진 긴 원피스에 잔뜩 부풀린 반묶음 머리, 이마 위에 살짝 얹은 은색 선글라스까지. 누가 봐도 우리 엄마는 오늘 '여행 가는 사람'이다.

가족들의 배웅을 받으며 인천공항으로 가는 버스를 탔다. 준비가 과했는지, 둘 다 차에 머리를 대자마자 곯아떨어졌다. 잠든 채로 달리는 버스는 현실에 존재하는 순간이동 장치 같다. 순식간에 4시간이 지났고 인천공항에 당도했다. 오랜만에 마주한 인천공항의 자동문이 스르륵 열렸다. 내부를 꽉 채운 수많은 사람과 줄이 긴 게이트 그리고 출발과 도착 스케줄로 빼곡하게 채워진 전광판을 마주하자, 엄마가 갑자기 바짝 얼어붙은 토끼 같은 눈이 된다.

"엄마는 여기서부터는 모른다~ 딸만 따라갈 거야."

엄마가 무시무시한 선언을 해 버렸다.

우선 각자 캐리어를 꼭 붙든 채 전광판 앞으로 갔고 나는 E-티켓을 꺼내 우리 체크인 카운터를 찾았다. 수많은 비행편 중에서 우리 카운터를 확인하고 돌아보니, 어느새 엄마가 캐리어 두 개를 꼭 붙들고 있다. 잘났다며 까부는 딸이지만, 역시 엄마의 손길은 언제나 나보다 차분했다.

일찍 도착한 덕에 카운터 줄은 그리 길지 않았다. 직원에게 인사를 건네며 여권 두 장을 내밀었다.

"창가 자리로 부탁드려도 될까요?"

활동이 불편하다고 통로 쪽 좌석을 선호하는 사람도 있다지만, 비행하는 내내 보이는 창밖 풍경이라면 불편할 가치가 있다고 생각하는 편이다.

"네, 두 분 자리 붙여 드렸고 창가로 드렸어요. 즐거운 여행 되세요."

출국장을 지나 보안검사대 앞에 섰다. 가져온 핸드백 속 짐을 바구니에 붓고 기다란 금속탐지기로 몸 구석구석도 훑었다. 엄마가 걱정하던 태국 '입국 심사'와 달리 우리말로 이뤄지는 이곳 '출국 심사'는 어려울 것이 없다.

제주도 신혼여행 이후 엄마의 첫 비행기. 친구에게라면 살짝 고민했겠지만, 오늘은 엄마에게 창가 자리를 양보하겠다. 예상이 맞았다. 이륙 전 분주한 창밖 공항 모습에서부터 엄마는 눈을 떼지 못했다. 오래간만에 마주한 새로운 세상에 벌써부터 들뜬 눈치다. 항공기가 출력 높이는 소리가 들렸다. 좌석이 미세하기 흔들리기 시작했다. 소리가 점점 커졌고 전달되는 에너지가 우리가 곧 이륙할 것임을 격하게 알려왔다. 그 순간 엄마의 오른손이 내 자리로 넘어와 슬쩍 내 손을 붙잡았다.

"오랜만에 비행기 타려니까 떨린다. 안전하지 이거?"

"그럼, 비행기 사고 나는 확률이 교통사고 확률보다 적다고 했어. 물론 사고 나면 다 죽는 거지만."

"뭐? 사고 나면 다 죽는다고?"

"아니, 우린 사고 안 나지."

다행히 사고는 나지 않았고, 비행기는 순항 고도에 접어들었다. 기내식 시간이 된 듯하다. 뒤에서 카드 끄는 소리와 반복적으로 뭔가를 묻는 승무원 목소리가 들렸다.

"뭐라는 거야?"

"소고기랑 새우 중에서 뭐 먹을 거냐는데?"

"너는 뭐 먹을 건데? 엄마랑 하나씩 시켜서 같이 먹을까?"

"좋지."

"비프 원, 쉬림프 원 플리즈."

어쩌다 보니 오늘의 첫 끼가 된 기내식을 싹싹 비우고 식후 커피도 받아들었다. 엄마가 자연스레 잔을 손으로 받치고 창밖을 내다봤다.

'나도 비행기 탈 때, 커피 마시면서 창밖 보는 시간이 제일 좋은데. 엄마도 똑같네.'

도착할 때가 다 되었는지 승무원이 출입국 카드를 나눠줬다.

"엄마 카드는 엄마가 써."

"엄마는 몰라~"

당당한 효도 여행 선언 두 번째. 이제는 받아들이고 두 장을 다 내가 쓰기로 했다.

비행기는 부드럽게 방콕 공항에 내렸다. 짐을 찾은 뒤 향하는 이 줄 끝에는, 엄마가 걱정하던 '입국 심사'가 기다리고 있을 것이다.

"왜 왔냐고 물으면 '트레블'이라고 하고, 숙소가 어디냐고 물으면 이 주소를 보여줘."

"아, 그래도 잘 모르겠는데! 영어로만 말해야 하지?"

"당연하지, 여기선 영어 아니면 태국말이야. 태국말보단 영어가 낫잖아."

걱정되는 마음에 엄마를 먼저 보냈다. 뒤에서 엄마가 당황하지는 않을까 지켜보는데. 우려와 달리 엄마는 질문도 없이 프리패스였다. 아무래도 엄마의 야자수 원피스와 은색 선글라스가 한마디 말없이도 '관광하러 왔소' 하는 메시지를 전했나 보다.

여행 팁 3 : 숙소 정하기

부모님에게 '숙소는 어떤 곳이 좋으냐' 물어본다면, 역시 '다 괜찮다'는 대답이 돌아올 확률이 높다. 그 한마디에 속 뻔했지만, 안타깝게도 내가 '괜찮다'고 할 숙소와 엄마가 '괜찮다'라고 말하는 숙소는 그 기준이 조금 달랐다. 최소한 '흰 시트'로 침구가 깔린 곳이어야 '깔끔하네'라는 한 마디가 돌아왔다. 또 아무리 객실이 깨끗해도 창밖 풍경이 답답하거나 요상스러우면 '좀 그렇다'는 평가가 돌아왔다. 평생을 안정적인 공간을 깨끗하게 사수하기 위해 노력하며 살아온 사람의 공간 평가란 그런 듯했다.

너무 많이 걷지 않기 위해 관광 중심지여야 함은 기본이요, 아침에 커피 한 잔이라도 해야 힘이 나는 코리안 스타일에 맞춰 조식 제공 여부를 체크하는 것도 필수였다. 그렇다고 이 모든 것을 충족하는 1박에 50만 원짜리 숙소를 가져간다면? 단칼에 반려될 확률이 높다. 아마 부모님과의 여행 '준비'에서 가장 마음 쓰이는 부분은 '적당한 숙소 찾기'가 아닌가 싶다. 수십 년간 쌓아온 그들의 개인적 취향을 넉넉히 충족시키는 동시에 합리적인 가격의 숙소를 찾아간다면 비로소 '잘 예약했네'라는 칭찬이 돌아올 것이다. '시설, 위생, 위치, 친절, 조식, 예산' 가운데서 우리에게 중요한 것 위주로 적절한 육각형을 그리며, 만족스러운 숙소 예약을 하기 바란다.

제2장

엄마 친구들은
다 한 번씩 가 봤다는, 태국

한여름, 사원 보단 카페가 좋단 걸

　아침 일찍 준비를 시작했는데, 태국에 닿으니 이미 날이 어둑어둑했다. 이런 시간에 낯선 도시에 떨어져 공항 밖으로 나가기란 언제나 망설여지는 일이다. 혼자가 아니라 엄마와 함께여도 마찬가지였다. 다행히 공항 앞으로 나가자 무수히 많은 택시가 대기 중이었고 쉽게 숙소에 도착할 수 있었다. 위치, 시설, 청결, 가격, 조식까지. 방콕에선 모든 면에서 '적당한' 숙소를 예약했다. 시원한 리셉션을 지나 곧장 방으로 향했다.

　'헉!'
　방에 들어서자 우리가 남쪽 나라에 왔다는 사실이 온몸으로 느껴졌다. 자비 없는 습도에 가장 먼저 에어컨 리모컨을 찾았다. 에어컨을 틀어 눅눅한 침구를 까슬하게 말리고 그 위에 일단 쓰러져 등줄기의 땀도 말렸다. 한창 더울 8월 초 엄마와 태국으로 간다고 하니, 주변에서 우려 섞인 목소리를 건네기도 했다.
　'대구에서 평생을 살았는데 태국에서 며칠을 못 버티랴!' 생각했으나. 역시 가끔은 남의 말도 필요가 있었다.

　다음 날이 밝았다. 엄마가 좋아하는 빵과 스크럼블 에그, 커피로 간단히 조식을 먹었다. 남의 손으로 차려낸 아침이 오랜만일 엄마는, 날씨가 덥지만 따듯한 커피를 끝까지 홀짝였다. 관광 첫날이니 오늘은 방콕의 대표적인 관광지 위주로 돌아볼 예정이다. 우선 관광의 중심지인 '왓 프라깨우 사원과 그 옆 왕궁'에 가 보기로 했다. 숙소 앞 큰길에서 손을 내밀자 3초 만에 택시가 잡혔다.

"왓 프라깨우, 플리즈."

목적지, 탑승 장소, 잔뜩 꾸민 차림새까지. 지금 우리 모습이라면 순도 100%짜리 관광객으로 비춰질 것 같아 택시비 바가지라도 당하진 않을지 살짝 걱정이 됐다.

"퍼스트 타임, 방콕?"

"예스예스 맘 앤 미 투게더."

"웰컴 투 더 방콕!"

여행객임을 확신한 기사 아저씨가 끝없이 방콕 자랑을 늘어놨다. 백미러를 통해 보이는 그의 눈웃음과 이유없는 환대 덕분에 태국 첫인상이 좋다.

"턴 라이트 앤 킵 고. 오케이? 티켓 부스 데얼."

"땡큐 땡큐!"

차로 닿을 수 있는 가장 가까운 곳에 우리를 내려주고도 아저씨는 안심할 수가 없는지 끝까지 신신당부를 잊지 않았다. 코너를 돌자 입구부터 관광객이 가득했다. 멀리 보이는 황금색 지붕에 한 번 압도되고, 이른 시간부터 꽉 찬 관광객 무리에 두 번 놀랐다.

"엄마, 여기 사람 좀 봐……. 그래도 가긴 가야겠지?"

"여기까지 왔으니까 들어는 가 봐야지!"

의외로 엄마가 더 열정적인 순간이었다.

사원 내부에는 사람이 더 많았다. 과장 조금 보태 '건물 반 사람 반'이랄까. 사원은 과연 그 명성만큼 화려했다. 어디로 눈을 돌려도 금 벽에 박힌 오색 보석이 번쩍거렸다. 수십 미터는 될 법한 금칠한 스투파도, 금 바탕에 거울 조각과 유리알이 박혀있는 탑도, 흩날리는 듯 기세 좋게 조각된 지붕도, 황금빛과 에메랄드빛 불상도 눈에 들어왔다. 엄마는 이내 각각의 장소 앞에서 포즈를 짓기 시작했다. 새 옷을 입고 상상 속 태국 왕비 포즈를 지어대는 엄마 모습이 웃기기도 하고 그럴싸하기도 했다. 여행 첫날, 새로운 장소와 좋아하는 사람이 더해지니 아드레날린이 솟아올랐다. 엄마가 찍어보라는 곳마다 셔터를 누르며 정신없이 사원 구경을 마쳤다.

우기답게 작은 빗방울이 떨어지기 시작했지만 걷지 못할 정도는 아니었다. 왓 프라깨우를 지나 더 색이 생생한 왕궁 앞에서도 엄마는 카메라 앞에 앉거나 섰다. 빗방울이 점점 굵어지고 기온도 점점 높아지는 것 같았다. 우산을 꺼내 들었지만 어쩐지 우산 아래에선 엄마 얼굴에 그늘이 지는 것 같기도 했다. 촬영 때마다 우산을 내던지느라 엄마의 어깨는 조금씩 젖어갔다.

"엄마 저쪽으로도 가 보자."

"그래, 그래."

"우와! 여기도 멋지지 않아?"

"으응, 멋져."

엄마 반응이 영 초반 같지 않다.

"엄마, 힘들어?"

"아니, 힘들긴. 더 봐야지."

아니라고 말은 하지만, 아닌 게 아닌 것 같다.

"우리 조금 쉴까?"

"그래도……. 돼…?"

사람 반, 습기 반인 왕궁을 빠져나왔다. 바로 앞에 하얀 카페가 보였다.

차분한 공기로 가득 찬 카페에 들어서자 살 것 같았다.

"어휴, 살 것 같네."

"엄마 힘들면 힘들다고 말하지!"

"아니……. 엄마는 좋았어."

"방금 살 것 같다며?"

"시원해서 좋단 거지."

내색하지는 못했지만 찜통같은 날씨 속에서 점점 비에 젖어가던 엄마가 적잖이 힘들었나 보다.

"엄마 뭐 마실래?"

"시원하고 달달한 걸로 시켜줘."

손발이 차다며 엄마는 여름에도 빙수말고는 찬 음료를 잘 마시지 않는다. 그런 엄마가 시원한 커피를 요구하다니. 달달한 바닐라라테를 빨대로 반쯤 쭉 들이키고서야, 엄마가 본심을 털어놓기 시작했다.

"하, 이제야 살겠다. 아까 솔직히 힘들어 죽는 줄 알았어. 사람도 많고 얼마나 정신없던지! 여기가 천국이다, 천국."

그렇게 힘들었으면 아까 말을 좀 해주지. 사진기 앞에 선 엄마 표정은 한없이 밝아서 속마음을 알 수가 없었다. 딸이 계속 좋지 않냐고, 저기도 가 봐야 한다고 말하니 엄마는 그런 줄로만 알았을 테다. 잔뜩 신난 딸 앞에서 '힘들다, 쉬고 싶다' 표현하기가 어려웠나 보다.

얼마간 쾌적한 카페에서 젖은 어깨를 말렸다. 카페인으로 에너지를 급속 충전했더니 오늘 아침 나서던 발걸음처럼 기운이 솟았다.

'엄마는 힘들어도 힘들다. 이야기 못 하는구나. 내가 눈치를 잘 살펴야 하는구나.'

방콕에서 제일 유명한 사원보다 특별할 것도 없는 이 카페가 더 좋다는 엄마. 함께할 여행에서 유용할, 작지만 큰 깨달음을 얻었다.

여행 팁 4 : 부모님의 의중 파악하기

부모님의 의사표현은 애매모호하다. 딱 좋다! 싫다! 표현해주면 좋겠지만, 함께 간다는 자체가 고맙고 싫은 내색을 내비치면 자녀가 애써 짜온 계획이 틀어질까, 티를 내지 않는 것이 우리네 부모님인가 보다. 부모님과의 여행에서는 친구와의 여행보다 잦은 휴식이 필요했다. 한 끼쯤 먹지 않거나 간식으로 때워도 쌩쌩할 수 있는 우리와 달리, 부모님은 자주 당 충전과 수분 보충이 필요했다.

부모님의 힘 빠진 발걸음을 알아채고 재빨리 휴식을 권유하는 것까지가 다 내 몫이라니. 이 1인 럭셔리 가이딩이 부담스럽게 다가오기도 하지만, 그들이 이미 어린 내게 베풀어온 일들이라 생각하면 그렇게 억울하지만은 않다.

걱정 마! 외국 애들은 다 이렇게 다녀

하루 구경을 끝내고 지하철역에서 숙소로 걸어오던 길이었다. 저 멀리서 고소한 기름 냄새가 났다. 코를 킁킁거리며 따라가 보니 붕어빵 포장마차보다 약간 큰 노점에서 '굴전'을 굽고 있었다. 두 명이 한 조가 되어, 한 사람은 끊임없이 전을 붙이고 한 사람은 계산과 서빙을 했다. 길거리 요리사는 무쇠 팬 위에 기름을 넉넉하게 두르고 반죽을 한 국자 붓더니 그 위에 굴을 크게 한주먹 집어서 흩뿌렸다. 굴이 통통하게 익어 갈색으로 노릇해질 때까지 꾹꾹 눌러가며 골고루 지져주는데, 이 비쥬얼을 그냥 지나칠 수가 없었다. 노상의 테이블은 이미 만석이었다. 이 정도라면 맛은 증명된 셈이 아닐까, 좀 전에 저녁도 먹었지만 합리화를 시작했다.

"엄마, 우리 이거 한 접시 먹고 갈까?"

"길에서 해산물을 사 먹어도 되나? 그래도 맛있어 보이기는 하네."

길거리에서 주문, 생산, 설거지가 이뤄지는 스트릿-푸드를 아직 엄마가 탐탁지 않아 할 줄 알면서도, 우선 먹고 가자고 제안을 했다. 해물파전같이 생긴 태국 길거리의 굴전을 한 장 주문한 뒤, 바로 앞 편의점으로 가 맥주 두 캔을 샀다.

맥주로 시원하게 목을 축이고 순식간에 완성돼 서빙 온 파전도 한 입 뜯어 맛봤다. 위생을 걱정했던 엄마도 맛만큼은 인정했다. '우리가 이런

데 끼어도 되냐'며 걱정하던 엄마도 누구보다 이 자리에 잘 녹아들어 좋았다. 여행을 시작하고 단 사흘 만에 엄마가 결국 딸의 여행 스타일을 닮아가고 있었다. 맛있어 보이면 일단 입에 넣어봐야 하고, 좋아 보이면 일단 들어가 봐야 행복한 이 여행 스타일에 엄마도 금세 동화되는 걸 보며, 어쩔 수 없이 엄마 딸이라는 생각을 했다.

딸랑 롯파이 야시장에 갔을 때였다. 주문 즉시 해물을 골라 담고 양념 부어 쪄주는 해물찜 가게에서 저녁을 먹었다. 야시장 구경은 여행자의 필수 덕목이므로, 식사 후엔 노점을 따라 걸었다. 땡모반과 꼬치 요리와 디저트를 엄마랑 오니 2배로 다양하게 맛볼 수 있어 좋았다.

다음 코너엔 옷과 장신구를 파는 노점이 모여있었다. 휴가 시작에 맞춰 바로 날아온 딸은 여행 준비가 다소 부족했다. 이번 여행용으로 딱일 것 같아, 찰랑거리는 깃털 귀걸이와 시원해 보이는 철제 귀걸이를 번갈아 가며 거울에 대어 봤다. 내 것을 실컷 구경하다 한참 뒤에 엄마를 찾았는데, 엄마도 꽤 분주해 보여 웃음이 났다. 평소 같았으면 절대 고르지 않았을 커다란 귀걸이를 세 개나 이미 바구니에 담아온 경숙 씨. 큐빅도 아닌 알 수 없는 보석이 잔뜩 박힌 빈티지 귀걸이, 하늘색과 파란색 비즈가 치렁치렁하게 달린 긴 귀걸이, 내 것보다 더 큰 털이 달린 깃털 귀걸이였다.
"오, 네가 골라온 것도 예쁘다. 한번 보자."
"엄마, 근데 이거 엄마가 끼려고 산 거야?"
"응, 이거 엄마가 낄 건데?"

그리고는 내 것도 자연스레 뺏어가 귀에 대어 보는 엄마. '금' 팔찌, 목
걸이, 귀걸이만이 값져 보인다고 주장하던 아줌마가 이렇게 변하다니.
내가 여행지에서 일상 속 모습과 달라지는 것처럼 엄마도 그랬다. 결국
우리는 도합 다섯 개의 귀걸이를 샀다. 싸구려 액세서리라 금방 변색 될
줄 알면서도. 이번 여행에서 이 장신구들이 우리 얼굴을 환히 밝혀줄 것
이라 믿으며.

조금 더 걷다 보니 이번에는 옷을 파는 코너가 나왔다. 태국 젊은이들
이 즐겨 입을법한 옷이 여기저기에 가득했다. 구멍 숭숭 뚫린 민소매 티
셔츠는 보기만 해도 시원했고 귀여운 프릴이 달린 빨간 체크 오프 숄더
원피스는 태국의 새파란 가로수와 잘 어울릴 것 같았다. 요 며칠 엄마도
더위 때문에 고생을 좀 했다. 여행 오기 전 '예쁜' 옷은 여러 벌 샀지만 '시
원한지'는 고려하지 않았기 때문이다. 구슬 달린 쉬폰 블라우스, 새로 산
일자 청바지. 예쁘지만 이곳 날씨 속에선 부담스러운 복장이었다.
"엄마, 이런 민소매 원피스 한번 입어볼래?"
"아이고 얘, 아줌마가 어떻게 이런 걸 입어!"
하긴, 엄마가 민소매 입는 건 본 적이 없는 것 같다.
"아줌마가 어때서, 여기 사장 아줌마도 입고 있잖아."
가게를 지키는 아줌마 역시 민소매 티셔츠 차림이었다. 엄마 또래로 추
정되나 짧은 반바지도 입었다.
"그래도……. 좀 그렇잖아."
"저기 태국 아줌마도 반바지 입고 다니는데? 여기서는 다 이렇게 입

고 다녀."

"아줌마가 이런 거 입으면 욕해."

"여기서 안 입으면 어디 가서 입어볼래? 여기 아는 사람 누구 있다고! 시원하게 입고 다니면 좋지."

성화에 못 이긴 엄마가 손으로 옷감을 한번 훑었다. 부드럽게 몸에 감기지만 달라붙지는 않을 찰랑한 재질이다.

"시원하긴 하겠어."

그래봤자 한 벌에 만 원 남짓. 엄마가 안 입으면 내가 입는다는 심정으로 남색 바탕에 노란 꽃이 그려진 민소매 원피스를 샀다.

의외로 뱃살을 가려주는 통짜 디자인이 마음에 들었나 보다. 다음 날, 엄마가 새 민소매 원피스를 입고 가겠다고 나섰다. 거기에 어제 산 흰 깃털 귀걸이까지 더하니 한층 더 태국 부인 같이 보였다. 팔뚝이 굵어서 민소매는 싫다던 엄마, 날씨에 어울리는 차림새로 꾸미고 나오니 훨씬 자유롭고 편안해 보였다.

"민소매가 이렇게 시원하네. 아휴, 진작에 이런 것만 사 올걸. 내일은 네 것 입을까~?"

엄마가 팔뚝살과 뱃살 고민을 잊고 잠시나마 자신감 생긴 모습이 보기 좋았다. 날씨와 장소에 어울리는 옷을 입고 태국에 더 잘 녹아나는 우리가 될 것 같아 뿌듯했다.

망고를 반찬으로 먹는다고?

'담년 사두악 수산시장'에 가던 날의 일이다. 전날 쇼핑몰을 구경하다가 눈에 띈 한 여행사에서 담년 사두악 수산시장 투어를 예매했었다. 호텔로 9시면 데리러 올 거라고, 꼭 그 전에 로비로 내려와 기다리라며 신신당부를 하더니. 약속 시간이 되었는데도 감감무소식이다.

'괜히 현지 투어로 한다고 고집부렸나. 안전하게 한국 여행사 예약을 하고 올 걸 그랬나…?'

약속 시간이 5분, 10분 지나도 데리러 오는 차가 없자 점점 초조해졌다.

"우리 호텔 이름 제대로 알려준 것 맞아?"

"맞아, 이 이름은 여기밖에 없다고."

"근데 왜 아무도 안 오는 거야?"

"그러게……. 나도 모르겠어."

"정말 예약한 것 맞아요?"

호텔 직원도 한마디를 거든다. 우리 사기당한 건 아닐까. 오늘 투어객 정보에서 누락 된 것은 아닐까. 불안한 마음이 짙어졌다. 어느덧 9시 30분이 되었다. 초조한 마음으로 호텔 앞을 괜히 서성이게 됐다. 어제 그토록 친절하던 여행사 직원 얼굴도 생각나고 명함 한 장 안 받고 투어비를 선불로 다 내버린 내가 원망스럽기도 했다.

"진짜 데리러 오는 거 맞지?"

"그럴걸? 늦는 걸 거야……."

엄마가 재차 묻는다. 이제 나도 확신이 없었다.

'끽-'

소리와 함께 하얀 투어용 밴 하나가 호텔 앞에 멈춰 섰다. 조수석에서 한 남자가 튀어나오듯 내려 호텔로 달려왔다.

"아엠 쏘리 쏘리."

아침에 태울 사람이 많아서 늦었댔다.

'이럴 거면 왜 반드시 9시 전에 나와 있으라고 그 난리를 친 거야?'

화가 날 뻔도 했지만 즐거운 하루를 망치고 싶지 않아 그냥 넘기기로 했다. 사기가 아닌 것만으로도 다행이었다. 방콕 시내에서 100km 정도 떨어진 담넌 사두악 시장. 대중교통으로 갈 수도 있지만 가는 방법이 복잡하댔다. 아침부터 고생하고 싶지 않아서 투어를 예약한 건데. 아침부터 다른 방법으로 진이 빠져버렸다.

다행히 수상 시장 풍경은 충분히 이국적이었다. 수상 시장답게 배 위에 차려진 가게가 먼저 눈에 들어왔다. 돼지고기를 튀겨 파는 선상 가게 곁에는 손님이 줄지어 대기 중이었고 두리안, 바나나, 리치, 망고, 파파야 같은 열대 과일을 예쁘게 쌓아뒀다가 주문 즉시 깎아내 주는 가게도 신기했다.

　본격적으로 수로 상점 구경을 하려면 배를 타야 했다. 좁은 수로 내부
는 오직 나룻배만이 오갈 수 있었다. 우리 포함 관광객을 빼곡히 실은 나
룻배가 수상 쇼윈도를 향해 출발했다. 뱃사공은 관광객이 물건에 관심
을 가지도록 이 가게 저 가게로 배를 붙였다. 접근성 좋은 수로 양쪽으로
는 관광객 타겟의 기념품 가게만이 즐비했다. 방콕 곳곳에서 본 장식품
과 옷가지가 가게마다 주렁주렁 걸려있는데, 물건값이 심각하게 비쌌다.
방콕 여행 내내 보이던 조각품이 눈에 들어와 슬쩍 가격을 물었더니, 바
깥 거리 가격의 백 배를 부른다. '그냥 가자'고 한마디 했더니, 눈치 백 단
상인이 알아서 할인을 시작했다. 가자는 손짓 한 번에 가격이 1/10 토막
났고 멀어지는 등 뒤로 점점 싼 가격이 들려왔다.

나룻배로 좁은 수로 곳곳을 누비고 나면 '긴꼬리 보트'라 불리는 모터보트를 탄다. 이 큰 배로는 수로 전체를 크게 한 바퀴 돈다고 했다. 수로에서 약간 벗어난 강가에는 나무와 풀이 무성했다. 이 땅에도 주민이 터 잡고 사는지 줄줄이 널린 빨래도 보였다. 긴꼬리 보트는 무성한 열대의 정글을 달리다 태국의 베네치아 같은 마을을 잠시 지나다 다시 정글로 향했다. 문명과 비문명의 세계를 몇 분마다 오가는 기분이었다. 그 중간세계쯤에 사는 현지인의 집들은 물가라 건물 상태가 낡아 보였지만, 겉만 번지르르한 수로 시장과 달리 정직한 모습이라 좋았다. 큰 강으로 나가 보트가 더 속도를 내면 앞 보트에서 싸구려 매연 냄새가 날아왔다. 이 매캐함 또한 이 이상한 정글 탐험의 일부 같았다.

요상한 정글 탐험이 끝나고 이번에는 수상시장 골목 곳곳을 걸어볼 시간이 주어졌다. 물가인 시장 내부는 방콕 시내보다 훨씬 시원했다. 간식을 찾아 걷다 투명한 도시락통에 깎아 둔 망고가 눈에 띄었다. 하나를 집어 드니 망고 말고도 다른 것들이 더 들었는지 묵직했다. 'Mango and Sticky Rice'란 설명이 보였다.

'망고랑 찹쌀밥? 반찬으로 과일을?'

어디에선가 이 '망고 밥'이 태국 유명 먹거리란 말을 들어 본 것 같기도 하다. 안되면 망고만 건져 먹겠단 심정으로 망고 도시락을 한 통 샀다. 이렇게 하는 것이라 믿으며 코코넛 밀크를 찹밥에 부었다. 포크로 둘을 잘 섞은 뒤 한 덩이를 떼 맛봤다. 탄수화물과 탄수화물의 만남이니 나쁘지 않다. 반복해 씹으니 고소한 떡 같은 식감으로 변했고 맛은 더 달콤해졌

다. 의심을 거두지 못하던 엄마도 나쁘지 않다는 반응이었다. 이번엔 망고와 찰밥도 같이 떠 입에 넣었다.

"내가 망고랑 같이 먹어볼게."

"어때?"

"오, 괜찮아. 생각보다 괜찮아. 맛있어."

"그래? 엄마도 한 입 줘봐."

새콤한 망고와 고소한 코코넛 밀크는 조화로웠고, 알알이 씹히다 뭉쳐지는 찰밥은 쫀득한 식감을 더해줬다. 이 맛에 눈을 뜨니 한 통으로는 부족했다. 곧바로 한 통을 더 사서 해치웠다. 이날 이후로 태국 여행을 마치는 날까지 음식점 메뉴판에서 '망고 앤 스티키 라이스'가 있다면 고민하지 않게 되었다.

예상한 대로 흘러가지만은 않기에 즐거운 것이 여행이랬다. 이 사실을 알지만, 엄마를 모시고 온 길에서는 '제발 계획대로' 흘러가기를 바랐다. 역시 너무 간절하면 더 멀어지는 것일까. 아침부터 진 빼고 도착한 유명한 수상 시장은 명성만 못했지만. 우리는 이색적인 하루를 보냈고 무사히 방콕으로 돌아왔다. 매연을 온몸으로 맞을지언정 수로 탐험을 즐겼고 취향 저격인 디저트를 찾았다. 엄마를 '모시고' 온 여행이라 생각해서 나 홀로 여행보다 더 완벽하기를 바랐다. '모시고' 온 길이지만 결국은 '함께하는' 여행이었다. 이 시간 또한 여느 여행처럼 헤매고 마음 졸일 수도 있었다. 지난 여행들이 그래서 즐거웠듯, 엄마와의 여행길도 그래서 더 즐거워지는 중이었다.

여행 팁 5 : 계획대로 안 되는 날

효도(?) 여행이기에 다 잘하고 싶다. 그래서 임시 1인 가이드들은 부모님을 만족시켜 드리려 갖은 관광지를 찾고 유명한 맛집을 코스에 넣는다. 다시 오지 않을 하루가 완벽하기를 바라며 검색에 검색을 거쳐 완벽한 동선을 짜낸다.

자유여행 신봉자인 나도 그랬다. 엄마와의 여행길에서는 부디 시행착오가 없기를 바랐다. 주어진 2주를 빈틈없이 채우고 싶어, 여행 전 계획을 짜는 데 적잖이 애를 먹었다. 숙소는 물론 대략적인 교통편도 예약해뒀고 방문할 곳에 관한 정보도 거의 모두 수집해두려 했다.

너무 간절하면 오히려 멀어지는 걸까. 모든 여행이 그렇듯, 효도 여행도 계획대로만 풀리지는 않았다. 찾아온 교통편의 정보는 달라져 있었으며, 어떤 관광지는 휴장 기간이기도 했다. 호언장담한 뒤 당도한 관광지가 굳게 닫힌 걸 확인 한순간, 잠시간 원망도 들을 수 있지만. 다 잘해보려 하다가 어긋난 것이니 사실대로 이해를 구하고, 이 과정 역시 부모님이 그토록 원하던 '자유여행의 묘미'임을 강조하자.

청춘을 돌려다오

"엄마! 이것 봐! 왓 아룬이라는 사원에 가면 태국 전통 옷을 입어볼 수 있대."

오늘 할 일을 찾아보다 드디어 참신한 체험 거리를 발견했다. 태국 전통의상에 왕족이나 걸칠 법한 황금 왕관, 팔찌, 목걸이까지 풀세트로 빌려주는 곳이 왓 아룬 앞에 있댔다.

"오, 예쁘다. 그냥 입어볼 수 있는 거야?"

"아니 돈 내고 빌려 입는 건데, 우리 이거 입을 줄 모르잖아. 거기서 주인들이 옷도 다 입혀준대."

"괜찮네, 괜찮다."

왓 아룬 사원 구경을 하고 그 앞에서 태국 옷도 입어보기. 뜬금없는 제안이었지만 엄마도 꽤 솔깃한 눈치다.

방콕에서의 여느 아침때처럼 조식 커피로 에너지를 채운 뒤, 서울 한강처럼 방콕을 길게 가르는 짜오프라야 강으로 향했다. 대부분의 방콕 여행지는 강 동쪽에 있었지만, 오늘의 목적지 왓 아룬만은 강 서쪽에 자리잡고 있었다. 여행객답게 수상버스를 타고 강을 건너기로 했다. 수상버스로 순식간에 닿은 강 서안은 관광객으로 만원이던 8월의 방콕 동안보다 조금은 더 여유로운 분위기였다. 눈 시리게 화려했던 황금빛 벽의 왓 프라깨우와 달리, 왓 아룬은 흰 벽에 낮은 채도의 그림으로 꾸며져 있었다. 이 하얀 사원의 벽에 일출 빛이 닿으면 영롱한 무지갯빛이 되기에 새벽사원이라는 별명도 붙였댔다. 비록 새벽이 아닌 한낮에 도착하고 말았지만, 동틀 녘의 열은 햇빛이 이 수수한 사원과 잘 어울릴 것 같긴 했다. 왓 프라깨우가 TV 속 연예인 같이 화려하다면, 왓 아룬은 웃는 얼굴이 가장 예쁜 친구를 닮았다.

사원 앞 잔디밭으로 가자 전통의상 대여점이 쉽게 눈에 띄었다. 가게마다 가장 화려한 황금, 빨강 옷을 마네킹에 입혀 줄지어 뒀다. 아직 태국 전통의상에는 별 조예가 없으니 그저 화려한 옷이 먼저 눈에 들어왔다. 한옥 마을 앞 의상 대여점에서 종종 화려하지만 이상한 한복을 걸어두는 것도 이 같은 이유 때문이 아닐까.

손님이 쌍으로 굴러들어오니 상인들도 분주해졌다. 장식이 수십 개쯤 달린 도금 왕관을 신나게 흔들어 눈길을 끌었고 다른 가게는 싼 가격을 내세우며 호객행위에 열심이었다. 이럴 때는 그저 동물적 감각에 몸을 맡기고 가장 말이 잘 통할 것 같은 가게를 선택하는 편이 좋다. 어차피 훤히 열린 경쟁 시스템에서 가격이나 디자인은 비슷비슷할 테고, 상호 언어가 짧으니 의사소통이 더 중요하다. 의상 대여 시스템은 아주 간단했다. 줄줄이 꺼내 보여주는 의상 가운데서 마음에 드는 색만 하나 고르면 내가 할 일은 끝이 났다. 나머지 허리띠, 팔찌, 목걸이, 왕관은 아주머니의 감각에 맡기는 시스템이었다.

"엄마, 옷 색깔만 고르면 된대. 엄마는 무슨 색 입을 거야?"

보라색, 노란색, 파란색, 초록색, 황금색 등. 선택지는 꽤 다양했다. 그래 봐야 엄마 눈은 처음부터 한 의상만 바라보고 있단 걸 안다. 이 취향은 꽤 견고하다. 엄마는 늘 '빨간색'을 입어야만 사진이 화사하게 나온다고 주장했다. 가끔 모임에서 나들이라도 나갈 때면 엄마는 '화사한 빨강' 혹은 '분홍' 상의를 고집했다.

"빨강 건 엄마가 입을 거니까. 너는 다른 색 골라."

각도에 따라 금색 자수가 도드라지는 화려한 빨강이었다. 그녀의 딸인 나도 그 색이 마음에 들었지만, 엄마니까 양보하기로 마음먹고 노란색을 골라 내밀었다. 색 선정이 끝나기가 무섭게, 아주머니 두 명이 긴 천을 엄마 몸에 두르기 시작했다. 천을 몸에 가로로 두르고 세로로 몇 번 돌린 뒤, 어깨 위로 남은 자락을 던졌다. 그리곤 몇몇 부위에 핀을 꽂으니 1분 만에 드레스 모양이 완성됐다.

'흡!'

아마 배에 힘을 주라는 신호인 것 같다. 만국 공통으로 가느다란 허리는 미의 상징인 모양이다. 느낌으로 알아들은 엄마가 아랫배의 공기를 최대한 내뿜자, 아줌마는 이때를 놓칠세라 챔피언 벨트처럼 생긴 굵은 황금 허리띠를 엄마 허리에 사정없이 감았다.

"아이고, 엄마 숨도 못 쉬겠다!"

"참아, 참아……."

아주머니가 우리 다리를 길게 평가해준 게 틀림없다. 실제 허리보다 더 위에 감긴 벨트 덕분에 다리가 약간은 더 길어 보였다. 숨을 짧게 들이마시고 내쉬어야 했지만, 잠깐이니 참아 보기로 했다. 아줌마가 쩔렁이는 장신구 상자를 꺼내 들고 왔다. 모두 완벽하게 샛노란 금빛이었다. 아줌마의 감각에 따라 척척 장신구가 채워졌다. 팔목 당 팔찌가 두 개씩 채워졌고 목에도 굵은 목걸이를 하나 감았다. 화룡점정으로 뿔 달린 황금 왕관을 씌워주며, 의상 세팅은 끝이 났다. 먼저 변신을 마친 엄마 모습이 어떻게 보면 우아했고 어떻게 보면 황금 뿔 달린 애벌레 같기도 했

다. 나 역시 같은 순서로 옷이 입혀졌고, 완성된 내 모습을 본 엄마는 웃음을 터트리고 말았다.

"엄마 왜 웃어……."

"너무 귀엽다. 이게 뭐야."

한복도 잘 안 입는 시대에 태국까지 와서 기어이 이 옷을 입은 상황이 웃기긴 했다. 머리에 올려진 황금 뿔이 떨어질까 봐 강제로 행동이 조심스러워진 우리는 평소와 달리 호호대며 웃었다.

의상을 빌려 입으면 넉넉한 사진 촬영 시간이 주어졌다. 이 사원 앞에서 전통 옷을 빌려 입은 사람은 우리뿐이었다. 평상복차림의 현지인과 관광객 사이에서 빨갛고 노란 황금 헬멧 애벌레란 너무도 눈에 띄는 존재였다.

'수수해서 아름다운 사원 앞에서 외국인 두 명이 헬멧 쇼라니…!'

조금 수치스러운 마음이 스물스물 올라왔다.

그런데 엄마 반응이 의외였다. 정말 태국 왕비라도 된 양, 이국의 공원에서 거리낌 없이 행동했다. 잔디밭 위, 사원 앞에서 다양한 포즈를 취하고 같이 사진 찍자는 다른 사람 제안 역시 눈치껏 알아차렸다.

"Can I take a picture with you?"

지나가던 서양인 관광객이 물었다.

"왜 왜. 사진 찍자는 거야?"

"우리랑 같이 사진 찍어도 되냐는데? 엄마 찍을 거야?"

"그래, 찍자. 찍어준다고 말해."

이 꼴로 다른 사람의 앨범에 영원히 박제된다니 수치스러워 거절하고 싶었지만. 엄마는 그게 뭐 어떻냐는 반응이다. 서양인을 가운데에 끼우고 나란히 서 합장 자세로 사진을 남겼다. 그가 물꼬를 트자 다른 사람들도 연달아 사진을 요청했다. 부모에게 떠밀린 태국 어린이와 함께 어색한 미소를 짓기도 했고, 놀러 온 여고생들과도 단체 사진을 찍었다.

몇 번 사진 요청에 응하며, 엄마의 자세가 점점 프로급으로 변했다. 이토록 인자한 얼굴과 다양한 포즈라니. 의외였다. 엄마도 나처럼 수줍어할 줄 알았더니.

'우리 엄마가 의외로 주목받는 걸 좋아하는구나?'

머리 위에 살짝 올려둔 황금 뿔이 떨어질세라 내내 고개를 빳빳하게 세우고, 도도하지만 친절하게 사진 요청에 응하는 엄마. 엄마의 낯선 모습을 봤다.

그날 저녁, 숙소로 돌아와 오늘 찍은 사진을 같이 넘겨봤다.
"우리 완전 태국 왕비랑 공주 같지 않아?"
"무슨 소리야. 엄마도 공주 할 거야."

나뿐만 아니라 우리 둘 모두를 예쁘게 꾸미는 시간. 엄마가 아닌 경숙 씨의 새로운 모습을 봤다. 태어났을 때부터 엄마는 엄마였는데. '엄마'라는 역할을 걷어낸 '경숙 씨'는 어떤 사람일지 잘 모르겠다. 30년을 같이 살고도 경숙 씨의 모습을 이렇게 모른다니. 어쩌면 이제 엄마도 다 잊은 게 아닐까 싶어 슬픈 기분이 들었다. 낯선 장소, 의외의 사건에서 경숙 씨의 본모습을 엿볼 수 있어 다행이었다. 같이 여행오기를 참 잘했다고 생각했다.

당신도 사랑받기 위해 태어난 사람

　혼자 여행하던 때에는 더 먼 곳, 더 특별한 곳엘 가고 싶었다. 엄마의 삼십 년만일 여행. 모험을 떠날 순 없어 국제적으로 인정된(?) 소문난 잔치를 찾았다. 소문난 잔치에 먹을 게 없다는 옛말과 달리 먹거리, 볼거리, 즐길 거리가 넉넉해 좋았다.

　아직도 엄마와 가끔 방콕에서의 첫 마사지 가게 아줌마에 관해 이야기를 하곤 한다. 여행 초반, 신나서 너무 많이 걸은 날이었다. 저녁을 먹고도 어째 체력이 남길래, 괜히 숙소와 반대 방향인 '아시아 티크' 쇼핑몰에 갔다. 막상 도착하니 이곳은 늦게까지 영업하는 야시장과 깨끗한 쇼핑몰의 단점만 합친 느낌이 들었다. 빠르게 김이 새버렸고, 기대감이 떨어지자 체력도 급격히 바닥났다.

　'숙소나 가자!'

　지하철을 타고 숙소로 가려 했다. 방향치라 초행길이라면 늘 여러 번 길을 확인해야 한다. 낯선 도시의 지하철이라면 특히 더 그래야 했다. 그날은 기력이 바닥을 친 나머지 대충 머리 위에 붙은 안내판을 보고 지하철에 올라탔다. 다행히 지하철엔 빈자리가 많았다. '앉아서 갈 수 있어 다행이다' 따위의 말을 나누며 한참을 가다, 뭔가 느낌이 이상해 옆자리 현지인에게 말을 걸었다.

"이거 라차테위 방향으로 가는 열차 맞죠?"

"아니요, 그건 반대 방향을 타야 해요."

슬픈 느낌은 틀림이 없다. 내겐 익숙한 일이지만 지금은 녹초가 된 둘이 함께라는 사실이 문제였다.

"엄마, 우리 지하철 반대 방향으로 탔대. 다음 역에서 내리자."

"뭐라고? 돌아가야 한다고? 아이고."

"미안해⋯⋯."

반대 방향 노선에 올라탔더니, 앉을 자리는커녕 설 자리도 넉넉지가 않았다. 발이 샌들 사이로 불룩불룩 튀어나올 만큼 부었고, 종아리도 저려 왔다. 빨리 시간이 흘러가 버리기만을 바랐다.

지하철에서 내려 터벅터벅 숙소로 걸어가는 길이었다. 젖은 솜처럼 묵직한 두 발을 끌며 걷는데, 노란 바탕에 까만 글자가 적힌 간판이 밤하늘에서 구세주처럼 빛났다. 알 수 없는 태국어 사이로 눈에 띄는 단어 'MASSAGE'. 당장 아무 곳에라도 철퍼덕 주저앉아 버리고 싶은 이 순간, 그 글자가 몽롱한 몸과 정신을 꼬드겼다.

"엄마, 마사지 받고 집 갈까?"

"아휴 그럴래? 그래 그러자."

그렇게 예정에 없던 첫 타이 마사지가 시작됐다. 들어가자 사장으로 추정되는 커다란 덩치의 아주머니가 잘해 주겠다며 자본주의스러운 미소를 한껏 지었다.

'아무리 마사지라지만, 이렇게 아무 곳에나 들어와서 받아도 될까?'

마사지 복으로 갈아입는 순간까지도, 일말의 의심이 떨쳐지지를 않았다. 무를 수 없는 선택을 했기에 마사지실에 몸을 눕혔고 인사와 함께 마사지가 시작되었다. 적절한 압력이 적절한 곳에 닿자 의심이 점점 풀렸다. 엄마와 내게 비슷한 루틴으로 마사지가 제공되는 것으로 보아 작은 업장이지만 나름의 절차가 있는 듯했다.

'이래서 엄마가 다리를 주물러 달라고 했구나.'

땡땡 부은 종아리가 주물러질 때, 온몸이 녹아서 매트리스 사이로 스며드는 것 같았다. 엄마는 연배가 비슷해 보이는 사장 아주머니에게 마사지를 받았는데, 서로 다른 언어로 이야기하지만 한 시간 동안 대화가 이어지는 게 신기했다. '으… 아파요…….' 라고 말하면 아주머니는 그럭저럭 알아듣고 강도를 낮추어줬다. 무슨 이야기를 하는지 낄낄거리는 웃음소리가 들리기도 했다.

"저분들 팁 좀 넉넉히 드리자."

엄마는 이 전신 마사지가 진심으로 만족스러웠나 보다. 엄마가 시키는 만큼 팁을 남겨두고 조금은 가벼워진 발바닥으로 집까지 걸었다.

카오산 로드에 간 날이었다. 태국 8월 날씨란 자비가 없기에 너무 더운 시간에는 실내로 들어가는 편이 이로웠다.

"엄마, 여기는 정원에서 받는 마사지 집이 유명하대. 이 집 엄청 유명해. 그런데……."

"그런데 뭐?"

"여기는 에어컨이 없대."

"이 더위에 에어컨이 없다니. 그런 데를 왜 가? 에어컨 달린 데도 널렸더구먼."

"그렇긴 한데……. 여기는 정말 유명한 곳 맞아. 선풍기만으로도 시원하대."

라고 말했지만, 솔직히 나도 가 본 적은 없기에 확신할 수가 없었다.

안되면 엄마에게 욕 한 번 먹을 각오를 하고 '마사지 인 가든'으로 갔다. 작은 자갈이 빼곡한 통로를 지나 내부로 들어가니 야자나무와 커다란 식물이 가득한 정원이 나왔다. 시끌벅적한 바깥 분위기와는 사뭇 다른 고요한 분위기였다. 정원 곳곳에 마사지룸이 마련돼 있었는데, 나무로 직육면체 모양 뼈대를 세우고 쉬폰 커튼으로 공간을 나눈 형태였다. 안내받은 침대에 누워보니 야자나무가 만든 그늘이 내 몸 위로 드리워졌다. 선풍기 두 대가 좌우로 고개를 돌려가며 미풍을 뿌렸다. 엄마의 잔머리와 쉬폰 커튼이 같은 방향으로 일렁였다.

'그늘에서는 선풍기만 있어도 시원해서 다행이다.'

라고 생각하는데, 옆자리에서 코 고는 소리가 들렸다. 마사지가 시작된 지 5분 만에 엄마는 깊은 낮잠에 빠진 것 같다. 마사지가 시원했는지, 한낮의 단잠이 달콤했는지. 에어컨 없으면 가고 싶지 않다던 엄마는 곧장 한 시간을 더 마사지 받겠다고 선언했다.

　말 안 듣는 딸 하나, 아들 하나를 온 힘으로 키우느라 앞만 보고 살아온 세월이 길다. 마사지라니. 엄마와는 관계없는 영역이었을 것 같다. 가끔 엄마가 종아리를 좀 주물러 보라고 했던 저녁들이 생각난다. 몇 분 동안 한쪽 다리를 조금 주무르고 반대편 다리는 대충 주무르기 일쑤였다. 엄마는 마사지 받을 때 '아프다'고 난리고, 끝나야 '시원하다'고 했다. 이렇게 좋아하는 일을 오십 넘어 처음 해보다니. 속상했지만 이제라도 해줄 수 있어 다행이라고 생각하기로 했다.

여행 팁 6 : 취향을 발견하는 시간

일상보다 압축적인 하루를 살며 일상과 다른 것들을 해보려 노력하기에. 여행은 내게 네 취향에 관해 알려줬다. 산과 바다 중에서 어디가 좋은지, 도시와 자연 중에서 어디가 좋은지, 미술관과 시장 중에 어디가 더 즐거운지, 맥주와 커피 중에 무엇이 더 좋은지.

효도 여행의 얼굴을 한 이 시간도 마찬가지였다. 너무 오랜 시간 부모님으로 살며 정작 자신을 잃어버린 부모님과 오랜만에 새로운 경험을 하며, 부모님이 아닌 그의 모습과 취향을 되찾아가는 시간이 되기를 바란다.

'나이가 드셨기에 못할 것이다, 부끄러워하시진 않을까' 하는 편견이 한풀 벗겨지자 '마음만은 청춘'인 그녀의 진짜 모습이 보이기 시작했다.

태국까지 와서 밥하긴 싫다고

닳고 닳은 향락의 도시 파타야. 후기를 살펴본 뒤 살짝 느낌이 왔지만, 방콕에서 가깝고 바다도 구경할 수 있는 곳을 찾자니 다른 선택지가 없었다. 파타야에서는 에어비앤비를 통해 호텔이 아닌 아파트를 예약했다.

"엄마 여기 아파트라 주방이 있어. 우리 며칠 동안 계속 사 먹었는데, 여기서는 요리해 먹을까?"

"아~니! 무슨 소리야. 엄마 태국 와서까지 요리하기 싫다."

엄마가 밥해 먹을 수 있는 숙소에 오면 좋아할 줄 알았는데, 어림도 없다는 반응이다. 이 숙소는 또 새로 지은 옥상 수영장이 깨끗하고 예쁘댔다. 그냥 수영장이 아니라 벽이 유리로 된 '인피니티풀'이라고 자랑하기에 기대가 됐다.

방콕에서 파타야로 이동하는 날이었다. 며칠간 두 손을 편하게 다니다 온 짐을 끌고 움직이고 나니 이동만으로 지쳤다. 파타야에 오자마자 점심을 거하게 사 먹고 숙소로 들어왔다. 배부르고 살짝 무료한 이 타이밍에 수영을 하면 딱 좋을 것 같았다.

"엄마, 이 숙소는 수영장 때문에 온 거야. 우리도 수영복 입고 한번 올라 가 보자."

비장한 각오로 한국에서 수영복을 사 오긴 했지만, 막상 수영장으로 나가려니 엄마는 불안하다고 했다. 튀어나온 뱃살도, 쳐진 엉덩이도, 굵어 져 버린 팔뚝도 다 흉하다며 고개를 젓는다.

"아이고, 아줌마 뱃살 봐라. 이렇게 출렁거리는데 부끄럽다. 남들이 욕해."

"사 온 거 안 입을 거야? 이거 봐 아가씨도 똑같아!"

"너는 밥 먹어서 나온 거고, 아줌마 뱃살은 그냥도 장난 아니구먼! 브 라자만 입고는 갈~수~가~ 없어요. 그냥 위에만 래시가드 사 온 거 걸치 고 갈까?"

"괜찮아. 올라가 보자. 아무도 우리한테 신경 안 써."

수영복을 입고 그 위에 훌쩍 벗을 수 있는 통 원피스를 걸쳤다. 부끄럽 다고 빼는 엄마를 어르고 달래 옥상 수영장으로 향했다. 미루고 싶은 엄 마 마음과 달리 엘리베이터는 재빠르게 옥상으로 올랐고,

'띵'

눈치 없이 경쾌한 소리와 함께 엘리베이터 문이 열렸다. 늦은 오후, 햇 볕이 적절히 기울어 물놀이하기 적당한 날씨였다. 사람은 많지만 아무도 남에게 관심 없는 분위기였다. 엄마보다 더 덩치 큰 할머니와 더 배 나온 아저씨도 어김없이 수영복만 걸친 모습이라, 엄마가 용기를 냈다. 걸친 원피스를 훌렁 벗어 의자에 던지고 물속으로 뛰어들었다.

풀장 물과 저 멀리 있는 바다가 이어져 보였다. 유리 벽에 기대어있자 면 끝없는 하늘을 헤엄치는 것 같기도 하고 넓은 바다에 떠 있는 것 같기

도 했다. 왼쪽 아래로는 다른 호텔과 가게가 몰린 파타야 시내가 내려다보였고 앞으로는 탁 트인 바다가 보였다. 파랗던 하늘과 바다가 분홍빛으로 변하는 시간에는 수영장과 바다의 경계가 더 희미해졌다.

"와 너무 좋다. 하늘에서 헤엄치는 거 같아! 내일 바다에 가지 말자. 여기 이렇게 좋은데 바다엘 왜 가?"

엄마가 아이처럼 좋아했다. 물놀이를 좋아하는 건 아마 엄마를 닮은 모양이다.

예전에 가족끼리 계곡에 갔던 때가 생각났다. 분명 엄마도 같이 갔겠지만, 어째 엄마가 물에 들어와 있던 장면은 하나도 기억이 나지 않는다. 엄마는 반쯤 녹초가 되어 돌아온 우리에게 간식을 내어주던 역할이었다. 휴가에서조차 엄마는 요리 담당이자 텐트 지킴이였나보다.

'엄마도 물에서 노는 걸 좋아하는구나. 엄마는 이게 얼마 만에 하는 물놀이일까?'

그리 길지 않은 레인에서 이리저리 헤엄을 쳐 보는데, 근본 없는 영법으로 앞으로 나아가는 나와 달리 엄마는 자유형 자세가 꽤 능숙하다.

"엄마, 엄마 수영할 줄 알아?"

"아이고~ 너 하는 것도 수영이라고 하냐? 이 정도는 해야지."

"엄마 언제 수영 배웠어?"

"배우기는, 원래 할 줄 알았거든! 엄마 아가씨 때 수영장도 오래 다녔어."

"수영장을 다녔다고? 아까는 수영복도 못 입겠다더니."

"그건 지금 살이 쪄서 그렇지. 아가씨 때는 날씬했어. 지금 너만큼 말랐었다. 엄마도."

"말도 안 돼."

"너도 애 낳아봐라. 내 몸매 된다. 나도 말라서 할머니가 사람 구실이나 하겠나 걱정했다고."

찬찬히 살펴보니, 엄마와 내 몸매가 너무 닮았다. 통짜 허리, 좁은 골반, 작은 궁뎅이, 가슴 모양, 허벅지에서 종아리로 떨어지는 라인까지. 내 몸매에 살을 10kg 고르게 펴 바르면 딱 저 몸매가 될 것 같다. 둘레는 다르지만 실루엣이 유사했다. 원치 않는 미래를 미리 마주해 버린 느낌이랄까.

간만에 누군가를 돌봐야 하는 엄마가 아닌 수영인으로 돌아간 경숙 씨. 수영장 끝에서 고개를 담근 채 힘차게 팔을 저었다. 딸은 여전히 근본 없는 영법으로 그 뒤를 따라갔다.

"어휴 너는 여행도 많이 다녔다는 애가 수영이 그게 뭐냐. 옛날에 수영도 엄마가 보내줬잖아."

"그렇긴 한데……. 나는 왜 이렇게 팔 저으면서 숨 쉬는 게 안되는지 모르겠어……."

"엄마 봐봐. 이렇게 팔 저을 때는 고개를 완전히 꺾어야지."

성인이 되고 취업까지 했기에 이제 엄마에게 더 배울 건 없겠지, 은연중에 생각했나 보다. 수영장에서 다시 경숙 씨가 내 엄마로 돌아왔다. 자식에겐 하나라도 더 알려주고 싶어 하는 사람. 아직도 엄마에게서 배울 게 너무 많았다. 삼십 년 전 55사이즈 입고 수영장에 다니던 경숙 씨도 멋졌겠지만, 지금 내 앞에선 66사이즈 엄마도 여전히 사랑스럽다. 어쩌면 나로선 평생 모를 엄마 능력이 아직도 많을지 모르겠다.

엄마도 볼 터치 좀 해주라

혼자 여행할 때는 매일 화장할 필요가 없었다. 아침마다 '썬크림-베이스-파운데이션-파우더'를 공들여 깔 수 있는 환경이 아니기도 했고, 왠지 그 화장조차 불편하게 느껴질 때가 많았기 때문이다. 사진 찍고 찍히길 좋아하는 엄마와의 여행길에선 이야기가 달라졌다. 언제 또 올지 모르는 나라이기에 엄마는 가능한 많은 배경에서 사진을 남기고 싶어했다. 엄마 사진을 넉넉히 찍은 다음엔 엄마도 나를 비슷하게 찍어주려 노력했다. 엄마가 열정적으로 찍은 내 사진의 대부분은 수평이 맞지 않고 비율도 이상했지만, 가끔 보석 같은 사진이 탄생하기도 했다. 사진은 애정의 결과물이라는 말처럼. 촬영 법칙 따위는 모르지만, 나를 늘 관심 깊게 봐주는 것만으로도 종종 대단한 작품이 나왔다.

그래서 두 여자의 아침은 매번 분주했다. 머리숱 하나는 엄마를 닮아 넉넉한 내가 먼저 긴 머리를 말리고 있으면, 샤워를 마친 엄마가 화장대로 다가왔다. 본인은 단발머리니 빨리 말리고 주겠다며 엄마가 드라이기를 가져가면, 나는 그 옆에서 화장을 시작했다. 일상에서는 잘 그리지도 않는 아이라인을 꼼꼼하게 채우고 마스카라로 속눈썹도 바짝 올렸다. 슬쩍 옆을 보면 엄마도 같은 작업을 진행하는 중이다. 혹시나 눈썹이 짝짝이가 될세라 아이브로우 연필을 꼼꼼하게 놀린다. 독특한 화장 철학이 있는 엄마는 보랏빛 아이섀도를 가장 좋아했다.

"밖에 더운데 보라 말고 다른 색 바르면 안 돼?"

"보라색 발라야 눈이 그윽해 보여."

어쨌든 우리는 각자의 휴가지 메이크업을 완성하기 위해 아침마다 분주히 움직였다.

내 화장의 마침표는 볼 터치다. 이 작업은 과하면 광대 같은 느낌이 나고 덜 칠하면 눈에 띄지 않기에 집중이 필요하다. 다른 데 신경 쓸 겨를 없이 볼을 톡톡이는 와중에 엄마가 말을 걸었다.

"엄마도 볼 터치 좀 해주면 안 되니?"

"엄마 볼 터치 한다고? 이 분홍색 바를 거야?"

"응, 그거 바르니까 훨씬 생기있어 보이네. 엄마도 좀 해줘 봐."

엄마 나름의 풀메이크업을 마친 얼굴에 내 블러셔를 살살 얹었다. 과유불급이므로 보일 듯 안보일 듯, 하지만 바르기 전과는 다르게.

"에구 보이지도 않는다. 조금 더 칠해봐."

"이거 너무 많이 칠하면 웃긴단 말이야. 적당히 발라야 해."

"이러면 사진에는 나오지도 않아. 쪼~금만 더 칠해봐."

"안 되는데……."

두 뺨에 분홍빛이 확실히 올라오자, 경숙 씨가 OK 사인을 보냈다.

"이거 봐. 훨씬 어려 보이잖아!"

"그렇긴 하네. 근데 엄마는 볼 터치 없어?"

엄마 파우치를 들여다봤다. 비비 크림은 내가 집에 두고 간 것 같고 저 보라색과 금색 아이섀도는 언제부터 썼는지 도넛처럼 가운데가 뻥 뚫렸다. 저 파우더도 대체 언제부터 보던 건지 모르겠고 립스틱도 꽤 오래되어 보였다. 그 옆에 펼쳐진 묵직한 내 파우치를 보니 미안한 마음이 들었다.

'저렇게 꾸미는 걸 좋아하는데……'

엄마 혼자 새로운 화장품을 골라 쓰기란 쉽지 않을 것 같다. 화장품 회사가 얼마나 많으며 한 회사에서도 어찌나 다양한 화장품이 나오는지, 내 피부에 어울리는 파운데이션 고르기가 젊은 딸도 어려웠으니까. 내게 어울리는 립스틱이 엄마 얼굴에도 잘 맞는 걸 보면 파운데이션도 마찬가지가 아닐까 싶다. 돌아가면 똑같은 파운데이션과 블러셔를 엄마 집에도 하나 보내줘야겠다, 생각했다.

같은 색으로 뺨을 밝히고 같은 고데기로 앞머리도 봉긋하게 띄운 우리. 오늘은 파타야 거리를 구경할 계획이다. 파타야에 오긴 했지만 닳고 닳은 향락의 휴양지에서 엄마와 즐길 거리가 있을까 걱정도 됐다.

의외로 유흥을 빼도 파타야엔 할 것이 많았다. 오전엔 해변 맥도날드에 가서 태국 맥도날드 특산품(?)이라는 콘 파이를 먹고 아이스 커피를 마

셨으며 곧장 해변으로 나가 야자수 길을 따라 걸었다. 파타야 해변은 듣던 것처럼 물이 탁했다. 섬으로 갈 내일을 기약하며, 얕은 파도에 발만 살짝 발만 담갔다 뺐다. 발을 말리기 위해 모래사장에 철퍼덕 주저앉아, 두 팔로 상체를 지지하며 비스듬히 뒤로 기댔다. 젖은 발을 살짝 들어 올려 마를 때까지 흔들기도 했다. 남국의 느낌이 물씬 나는 코코넛 나무 가까이에 가자 엄마가 자연스레 포즈를 취했다. 뜨거운 햇살에 대비해 눌러 쓴 밀짚모자가 분위기를 더해줬다.

저녁에는 숯불에 해산물을 구워 먹는 식당에 갔다. 엄마는 콜레스테롤 수치가 높다며, 병원에서 새우나 게 같은 건 많이 먹지 말라고 했댔다. 그렇지만 숯불에 구운 조개, 새우, 게의 풍미는 아직 닥치지 않은 질환보다 공격적이라 참을 수가 없었다.

"오늘만 먹자!"

방금 냉장고에서 꺼내와 물기가 송골송골한 맥주를 잔에 따랐다. 맥주 한 입을 들이키고 불에 구운 게살을 입에 꽉 차도록 베어 물었다. 게는 쪄먹거나 삶아만 먹고 살아왔는데. 직화로 구워 먹는 게가 이리도 맛있을 줄은 몰랐다. 손끝과 입 근처가 재투성이가 될 때까지 구운 새우와 게를 열심히 발라먹었다.

"누가 닮아서 게를 저렇게 좋아한담?"

"누가 닮았겠어?"

맥주 기운이 알딸딸한데, 이대로 숙소에 들어가기가 아쉬웠다. 밤이 되면 살아난다는 파타야 유흥가. 엄마랑 그 거리를 걸어도 될까 갈등도 됐지만.

"엄마, 파타야는 밤에 영업하는 유흥가가 유명하대. 근데 우리 둘이 가기는 좀 그런 것 같기도 하고……."

"뭐가 어때. 그런 것도 구경해야지. 가자 가!"

오토바이 택시를 타고 향락의 거리로 향했다.

낮에는 티도 안 내고 잠들어있던 거리가 바닥부터 머리 위까지 조명으로 번쩍였다. 빠르게 깜빡이며 지나가는 이의 눈길을 사로잡으려는 불빛들. 여자 둘이 걷는 데도 편견 없는 손길로 일단 들어오라며 손 내미는 태국 언니. 2층 건물 유리창 안에서 주요 부위만 가리고 유혹하는 서양 언니. 빼빼 마른 태국 여자를 옆에 끼고 엉덩이를 주무르며 걸어가는 서양인 아저씨. 머쓱한 기분에 엄마 눈치를 살피지 않을 수가 없었다. 멋

쩍음은 나만의 몫이었고, 엄마는 이 거리를 초롱초롱한 눈빛으로 살피는 중이었다. 음악이 새어 나오는 클럽 앞에 다다르자 엄마가 더 적극적으로 변했다.

"우리도 오늘 저기 가서 한번 흔들까?"

"안돼. 저기 가면 언니들이 막 만진다고."

아직 엄마와 클럽에 갈 마음의 준비는 되지 않았다. 적당히 신나고 적당히 퇴폐적으로 보이는 술집으로 재빨리 엄마를 인도해야 했다.

비슷한 화장을 하고 친구처럼 같이 술집도 드나든 오늘, 늘 엄마가 말하던 '마음은 엄마도 20대'의 실체를 봤다. 분홍빛으로 볼 터치도 하고 싶고, 쿵쾅거리는 음악이 나오면 마음도 들썩이는 20대. 엄마에게 볼빨간 오춘기라는 별칭을 지어주고 싶었다.

여행 팁 7 : 면세로 선물하기

해외여행의 또 다른 즐거움, 면세 쇼핑이 아닐까? 기왕 나가는 길에 부모님께도 깜짝 선물을 안겨드리며 생색을 내자. 여행 내내 화사한 얼굴을 보장할 명품 화장품이나 편안한 신발, 여행용 가방이라면 적절한 선물이 될 것 같다. 술과 향수와 담배는 별도의 면세 기준을 적용하기에 이 또한 남겨진 가족들에게 좋은 선물이 될 수 있다.

현재 면세품 구매가 무제한으로 가능하지만, 1인당 800달러인 면세 한도 이상을 구매하면 초과금에 관해서는 세금이 부과되므로 주의해야 한다. 이 면세 한도에는 출국 시와 입국 시 그리고 해외에서 구매한 금액이 모두 포함된다. 주류는 현재 2병(400달러), 향수는 1병(60mL), 담배는 1보루(200개비)까지 면세 한도와 별도로 면세가 가능하다.

여행 전 오프라인 면세점에 함께 들러 이것저것 여행을 위한 준비를 하는 것도 실전 여행 못지않은 즐거운 시간이 될 것이다. 오프라인 면세점을 방문하기로 마음먹었다면, 해외여행 증빙을 위해 여권과 E-티켓을 지참해야 한단 사실도 잊지 말자. 오프라인 면세점에서 구매한 면세품은 교환권을 받아두었다가 출국 시 공항 인도장에서 수령해야 한다.

쇼핑은 언제나 신나지만, 출국 시 구매한 면세품은 여행 내내 가지고 다녀야 한다는 불편함이 있으니 편안한 여행을 위해 합리적 쇼핑을 즐기자.

언제 엄마가 이런 거 해보겠니?

　관심사가 넓고 얕아 자주 취미가 바뀌는 나지만, 스쿠버 다이빙만은 오랫동안 취미로 여기고 있다. 물에 잠겼을 때 고요하고 평온한 느낌이 좋아 스쿠버 다이빙에 빠졌다. 함께 수영장과 바다를 다녀보니 엄마도 물을 좋아했다. 엄마와 함께 스쿠버 다이빙을 해보고 싶었지만, 일정이 짧아 불가능해 보였다. 그래도 본 적 없을 바닷속 세상을 엄마에게도 구경시켜주고 싶었다. 그리하여 세워낸 '하루 만에 스파르타식으로 파타야 바다 모아보기' 일정은 이랬다.

　파타야 선착장 근처에 가면 해양 액티비티를 파는 호객꾼이 많댔다. 그중 한 명에게 여러 가지를 묶어서 구매하면 왕창 흥정도 가능하다는 글을 봤다. 누가 봐도 물놀이 가는 복장으로 선착장 근처를 서성이니 호객꾼이 다가왔다. '꼬란 섬 왕복 스피드 보트, 씨 워킹, 패러세일링'을 묶어서 사고 싶댔더니 열심히 계산기를 두드리다가 얼마를 불렀다. 한국 여행사 홈페이지에서 파는 것과 별 차이가 없어 보여 미련 없이 고개를 돌렸더니 바로 깍인 가격이 들려왔다. 둘이서 7만 원가량을 내고 세 가지 투어의 티켓을 샀다. 한국 여행사를 통해 씨 워킹만 하는 가격과 같았다. 역시 현지 흥정이 답이라며, 엄마와 한국말로 기뻐한 뒤 스피드 보트를 탔다. 스피드 보트는 우리를 작은 선착장에 내려주고 다른 여행객들을 가득 태워 떠났다.

　몇 개의 부표를 묶어 둥둥 띄워둔 이곳은 '씨 워킹'을 위한 전초기지였다. 투명 헬멧으로 연결된 호스를 통해 지속적으로 공기가 공급되기에, 땅 위에서와 똑같이 숨을 쉬며 물속을 구경할 수 있댔다. 딸린 줄 길이 만큼만 움직일 수 있다는 단점이 있지만, 다이빙처럼 얼마간 훈련이 필요 없다기에 엄마의 첫 물속 구경에 딱 맞을 것 같았다. 파타야의 해양 체험은 닳고 닳은 도시만큼이나 친절하지가 않았다. 물 위에 뜬 체험장에서 1분가량의 대략적인 설명이 끝나면 사다리를 따라 곧장 수면 아래로 기어 내려가야 했다. 아직 이 시스템이 완벽하게 이해되지 않은 엄마는 사다리를 따라 내려가다가 가슴팍이 물에 잠길 높이에서 멈춰 섰다.
　"무섭다. 이거 숨 안 쉬어지면 어떻게 해?"
　"밖에서 숨 쉬는 거랑 똑같대. 머리를 먼저 살짝 담그고 한번 숨 쉬어 봐."
　"똑같이 숨을 쉬라고?"
　다행히 물속으로 들어간 엄마는 다시 밖으로 올라오지 않았다. 불가능할 것 같다던 '물 속에서 숨쉬기'에 적응 중인 모양이었다. 뒤따라 물속으로 들어갔다. 수심 3-4m 정도로 그리 높지 않은 높이에서 바다 천장이 일렁였다. 머리 위까지 물이 덮인 세상이 처음인 엄마. 바닥에 두 발을 닿고 서 있지만, 영 혼란스러워 보였다. 눈은 떠도 되는데, 숨도 잘 쉬고 있으면서 두 눈은 꼭 감고 고개만 좌우로 젓는 중이다.
　"눈 떠! 눈 떠도 돼."

헬멧 안까지 내 목소리가 작게나마 닿았나 보다. 그제야 엄마가 눈을 살포시 떴다. 많은 사람이 얕은 수심에서 걸어 다녀서 시야가 많이 뿌예지긴 했지만, 바닷속이 맞긴 맞았다. 고개 젖혀 위를 바라보니 퍼런 천장이 울렁거렸고 발가락 사이에 티끌만 한 모래가 들어왔다가 빠져나가길 반복했다. 엄마 호흡도 점점 안정되는 것 같다.

'잘하고 있다, 이 여사! 평소랑 똑같이 숨 쉬면서 눈만 즐기면 된다고.'

엄마의 새로운 도전과 빠른 적응에 감사했다.

가이드가 주머니에서 식빵 봉지를 꺼내자 점점 물고기가 꼬였다. 파타야의 물빛처럼 다소 꺼먼 녀석들이 주를 이뤘지만 파랗고 노란 물고기도 가끔 눈에 띄었다. 이 수면 아래 세상이 신기한 엄마는 달려드는 물고기를 향해 인어공주라도 된 양 두 손을 흔들었다. 엄마가 이 바닷속 세상에 적응을 마칠 때쯤, 체험 시간이 끝났다. 내려갈 때와는 달리 엄마가 씩씩한 걸음으로 사다리를 잡고 올라갔다. 물 밖으로 나와 엄마에게 물었다.

"엄마 씨 워킹 어땠어?"

"완전 짱이야! 물고기도 보고 바닷속에도 들어가 보고."

"진짜? 재미있었어?"

"와, 재미있더라. 물속에도 숨 쉬면서 들어가 볼 수 있고. 세상 참 좋아."

절대적으로 볼 것이 많았던 없었든. 엄마가 즐거워하니 만족스러운 시간이었다.

다시 스피드 보트를 타고 '꼬란 섬'으로 향했다. 꼬란 섬은 파타야 해변과 물빛이 180도 달랐다. 이렇게 하얀 모래는 처음 본다는 엄마 반응을 보니, 오늘 일정도 그럭저럭 잘 짠 것 같다.

'그래 열대 바다라면 이래야지!'

길지 않은 일정에 파타야까지 와, 이 섬까지 들어온 보람이 느껴지는 순간이었다. 해변 앞 가게에서 튜브도 하나 빌렸다. 어릴 적 놀던 것처럼 튜브에 엉덩이를 끼우고 둥둥 파도를 타자니 이보다 더 평화로울 수가 없었다. 튜브에서 내려 파도 타이밍에 맞춰 엄마와 손을 붙잡고 점프도 했다. 두 어른의 체력이 방전되면 모래사장으로 나가서 몸을 데우고 코끝이 따가울 때까지 물과 모래를 오가며 두 어른이 어설픈 물놀이를 했다.

두 시간 정도 놀았을까, 오늘의 마지막 코스인 '패러세일링'을 하러 갈 시간이 됐다. 오전에 바다 속에 들어갔다왔으니 이번에는 바다 위에서 구경을 해볼 차례다. 모터보트와 연결된 낙하산을 타고 파타야 바다 위를 한 바퀴 돌아보는 체험이라니. 놀이기구만큼 짜릿할 것 같았다.

그런데, 아까 말로 설명해 줄 때는 티겠다던 엄마가 막상 남들 타는 모습을 보더니 말이 바뀐다.

"아이고 야, 이건 못하겠다. 엄마는 안 탄다."

"무슨 소리야, 아까 패키지로 한방에 끊어서 이것도 이미 결제한 거야."

"그래도 이건 못 타. 그냥 네가 두 번 타라."

"무슨 소리야. 여기까지 와서는!"

    손목에 탑승 스티커까지 붙이고도 안타겠다는 엄마. 망설이는 엄마를 불효녀가 기어이 떠밀었다.

    "엄마, 언제 이런 거 해보겠어. 한 번만 타봐. 제발 한 번만!"

    그 사이 엄마 앞으로 길던 줄이 사라졌고, 엄마 허리춤에도 안전장치가 채워지는 중이었다.

    "오 노우~ 무.서.워."

    한국어를 천천히 말한다고 태국 직원이 알아듣는 건 아니기에, 엄마 몸에는 어느새 장비가 다 채워지고 말았다.

"쓰리! 투! 원! 고!"

"끼야악!"

외마디 비명과 함께 엄마가 작아졌다. 몇 초 만에 하늘 위로 뜬 엄마가 점처럼 작아져 잘 보이지도 않았다. 낙하산을 이끄는 모터보트 운전자에게는 저 보트의 소음 때문에 엄마의 비명이 전혀 전달되지 않을 것 같다. 엄마가 뭐라고 외치든 보트는 바다 위를 크게 돌았다.

1분 뒤, 잔머리는 여전히 하늘을 나는 중인 엄마가 데크 위로 돌아왔다. 넋이 나간 표정이었다.

"엄마! 엄마엄마! 잘했어? 어땠어?"

"아휴, 두 번은 못 하겠다."

"그래도 타길 잘했지?"

"……."

"별로였어?"

"아니 네 말 듣길 잘했다. 막상 올라가니까 멋지대? 처음에는 눈도 못 떴는데, 끝날 때쯤에 눈 뜨고 구경했지. 한~참 올라가 있더구만. 떨어질까 봐 무서웠는데 안 떨어지더라? 사람들도 콩만 하게 보이고. 완전 높긴 높대?"

"잘했어. 잘했어."

"아이고 아직도 가슴이 진정이 안 된다. 한번은 재밌었다. 그래도 다시는 안 할 거야. 아니야 그래도 타기를 잘한 것 같아. 엄마가 언제 이런 것 타보겠니."

숙소로 돌아오는 내내 '무서워 죽을 뻔했다'라는 이야기를 늘어놓는 엄마. 자꾸 이야기하는 걸 보니, 떠밀려 타긴 했지만 이 경험이 아주 나쁘진 않았나 보다.

제3장

비슷한 듯 다른, 베트남

아이고 아직도 심장이 벌렁거려

태국은 워낙 세계적인 관광도시라 여행하기가 참 편했다. 서울의 그것 못지않게 간결하게 설명된 지하철 노선도를 따라 지하철을 탔고, 택시를 타고 싶으면 우버로 택시도 쉽게 불러 탔다. 방금 탈피한 소프트 크랩으로 만든 푸팟퐁 커리는 말 그대로 게 눈 감추듯 사라졌고, 팟타이는 매일 먹어도 그 감칠맛이 질리지가 않았다. 태국 국민 수프 똠얌꿍에는 끝내 적응하지 못했지만, 첫 똠얌꿍을 빼곤 태국 여행의 대부분의 순간이 만족스러운 기억으로 남았다.

파타야에서 방콕으로 돌아가 하노이로 이동하는 날이었다. 여유롭게 공항에 도착해 남은 태국 돈은 동전 하나까지 탈탈 털어 푸팟퐁 커리와 망고 밥으로 바꿔먹었다. 하노이로 향하는 비엣젯 항공은 좌석 간 거리가 다소 좁게 느껴졌다. 우리 같은 사람에겐 문제 없지만 키 큰 사람에겐 곤욕이겠다는 둥 시답잖은 이야기를 하다보니 금세 하노이에 도착했다.

태국에서도 '덥다 더워'하며 다녔지만, 하노이에서 공항 밖으로 나가는 순간 태국과 차원이 다른 열기가 느껴졌다. 공항버스를 타러 버스 정류장까지 갔다가, 온몸을 쫙 감싸는 습도에 놀라 다시 공항 안으로 후퇴했다. 태국은 뜨거웠지만 습도가 그리 높지 않아 그늘로 피하면 살 만했는데. 베트남은 습도마저 자비가 없어서 들숨마다 답답한 느낌이 들었다.

"세상에 이럴 수는 없는 거야……. 엄마 일단 아이스 커피 한 잔 마시자."

"그러자. 어떻게 세상에 이렇게 더울 수가 있니?"

예상보다 일찍 공항에서부터 베트남 커피를 맛보게 되었다.

공항에서 숙소가 있는 동네까지는 공항버스로 40~50분 정도면 닿는
다고 했다. 공항버스에 짐과 몸을 싣고 차창 밖을 내다보기를 한 시간째,
여전히 도로 한 가운데다.

'태국 도로는 양반이었구나…….'

베트남 도로는 버스, 자가용, 오토바이, 자전거 인력거, 무단횡단하는
사람으로 얽히고설켜 뚫릴 생각이 없었다.

'30km를 몇 시간 동안 가는 거야…….'

이동이 잦은 날은 특별히 무언가를 하지 않아도 피곤하다.

'아침부터 공항 간다고 서두른 데다 비행기까지 타고 날아왔으니. 엄마
는 얼마나 피곤할까?'

라는 우려로 엄마를 바라봤는데, 다행히 엄마는 이 무질서 속의 질서
구경에 몰두한 상태다.

"이것 좀 봐. 도로가 아주 엉망진창이다. 무단횡단하는 것 봐 예술이다.
어떻게 길이 이 모양이지?"

"글쎄. 오토바이가 너무 많아서 그런 거 아닐까?"

40분이라더니 1시간 반 정도를 달려 시내에 닿았다. 여기서 숙소까지

는 400m 정도라 걸으면 될 것 같았다.

"엄마 여기서 숙소까지 400m밖에 안 돼서 군이 택시 탈필요 없을 것 같아. 그냥 걸어도 괜찮지?"

"그래. 오늘 종일 앉아있었는데. 좀 걸어도 되지 뭘."

400m가 코앞이라는 건 이곳의 도로 사정 위에서 확실한 오산이었다. 태양의 에너지와 각종 탈것들의 열기가 더해져 아스팔트 위로 아지랑이가 떴다. 보도블록은 또 어찌나 난장판인지, 세 발 걸어 한 번씩 캐리어 바퀴가 돌부리에 걸려 멈췄다. 길 건너기가 이렇게 어려운 일이었다니. 왕복 4차선짜리 광활한 도로의 폭도, 번쩍이는 신호등도 이곳의 질서 앞에선 별 힘을 쓰지 못하는 듯했다. 찻길은 오토바이, 차, 사람으로 뒤섞여 어느 규칙에 맞춰야 할지 감이 잡히지 않았다.

"여기를 어떻게 건너?"

"어떻게 건너긴. 저기 현지인들 막 건너는 거 안 보여?"

라고 잘 아는 척했지만, 이 무질서의 향연을 어떻게 가로질러야 할지 감이 잡히지 않았다. 경적 소리 그리고 차와 오토바이의 꼬리물기가 멈추지 않는 가운데, 현지인들은 그 행렬 사이로 능숙능란하게 몸을 통과시켰다. 사람이 끼어들어도 차가 멈추지 않았는데, 현지인은 그 흐름에서 템포를 찾아 대각선으로 길을 건넜다.

'끼어들어야 산다'는 알겠는데 언제 한 발을 내디뎌야 할지 감이 오지 않는다. 결국 우리는 스스로 흐름을 끊지 못하고 한 아저씨가 길을 건널 때 한 발짝 뒤를 따라 밟으며 겨우 길을 건너 호텔로 갔다.

오늘 파타야에서 방콕 공항으로 자동차 이동,

방콕 공항에서 하노이 공항으로 비행기 이동,

하노이 공항에서 하노이 시내로 버스 이동,

하노이 버스 정류장에서 숙소까지 도보 이동을 했다.

그 먼 거리 자동차 이동보다도, 수백 킬로미터를 나는 비행기 이동보다도, 단 400미터짜리 도보 이동이 더 힘겨웠다. 숙소에 체크인하고 누가 먼저랄 것도 없이 침대에 큰-대자로 몸을 던졌다. 이곳의 교통 규칙에 엄마도 적잖이 놀랐나 보다.

"여기는 뭐 이렇게 질서가 없어? 신호등도 없고, 건널목도 없고."

"아니야……. 신호등이 있긴 했어……."

"아이고 아이고……. 그래도 너무 빵빵거리고 그래서 아직도 심장이 벌렁거린다."

그것이 베트남 스타일이라고. 이제 엄마도 적응해야 할 거라고. 엄마에게 대단히 아는 척을 했지만.

'엄마……. 나도 마찬가지였어.'

사실은 옆에 누운 초보 가이드 역시 가슴을 쓸어내리는 중이었다.

오바마고 분짜고 뭐시기고

누가 내게 제일 좋아하는 베트남 음식을 묻는다면 1초의 망설임도 없이 분짜라고 대답하겠다. 국내 베트남 음식점에서 맛본 분짜는 '이게 외국 음식이 맞나' 싶게 이질감이 없었다. 석쇠에 구운 돼지고기를 상큼한 소스에 찍어 샐러드와 곁들여 먹는 이 궁합은, 돼지갈비에 익숙한 한국인이라면 거부하기 어려운 맛과 향을 지녔다. 언제나 2% 부족한 돼지고기 양에 언젠가 베트남에 간다면 분짜를 원 없이 먹고 오고 싶었다. 이번에 엄마와 하노이에서 분짜 맛집을 촘촘히 돌아보려는 응큼한 계획을 세웠다.

인터넷을 열어 검색해 보니, 하노이에서 유명한 분짜 집은 세 군데가 있댔다. 로마에 가면 3대 젤라또가 있고 비엔나에 가면 또 한국인이 명명한 3대 카페가 있듯이, 이 기준이 절대 글로벌 스탠다드가 아님을 알지만, 기준을 마주한 이상 모두 맛보고 싶어지는 건 어쩔 수가 없었다.

첫 분짜 집에 갔을 때의 이야기다. 잡다한 메뉴는 없이 '분짜와 분넴'만으로 승부를 보는 식당이었다. 백종원의 조언이라도 들은 듯 메뉴가 단출한 것이, 전문점의 느낌이 났다. 폭이 좁고 위로 긴 베트남식 건물 답게 1층은 대부분 주방이었고 2층부터가 손님을 위한 공간이었다. 오픈

형 주방을 지날 때 끊임없이 고기를 굽고 면을 삶고 분넴을 튀기는 냄새에 바로 군침이 돌았다. 손님상에 나가기 위해 대기 중인 고기 그릇만 해도 한 층에 6그릇씩 5층이 쌓여있었다. 좁은 계단을 따라 오른 2층은 만석이라 3층까지 올라가야 했다. 고소한 돼지갈비를 닮은 냄새가 3층까지 진동하는 중이었다.

우리 역시 분짜와 분넴 세트 그리고 맥주를 주문했다. 주문한 지 3분도 안 되어 한상차림이 차려졌다. 잔치국수 굵기 쯤 되는 쌀 면이 얼굴보다 큰 접시에 산처럼 담겨 나왔고, 고수를 비롯한 채소도 물기가 촉촉한 채로 한 채반 가득 나왔다. 곧바로 새콤달콤한 소스에 잠긴 돼지고기구이와 스프링롤 같은 분넴까지 서빙이 완료됐다. 라임 반 개를 육수에 쭉 짜넣은 뒤 쌀 면을 한 젓가락 크게 떴다.

'아니! 이게 뭐야?'

산더미 같던 면 속에 길고 굵은 검은 머리카락이 들었다. 나만 봤으면 좋았을 것을. 엄마도 동시에 그 길고 검은 이물질을 봐 버린 것 같다.

"면 새 걸로 바꿔 달라고 할게!"

혼자였다면 별문제가 되지 않았겠지만, 비위 약한 엄마 눈치가 보였다. 맛집이라고 엄청나게 설레발을 치면서 찾아왔는데, 엄마가 못 먹는다면 아무 보람이 없다. 머리카락이 나왔으니 면을 새것으로 바꿔 달라는 요청에, 점원은 참 호들갑이란 표정을 지었다. 엄마가 평온히 이 상황을 넘길 수 있게 그런 미묘한 뉘앙스까지 전달할 필요는 없었다. 아무렇지 않은 듯 새로 받아온 쌀국수를 내가 먼저 소스에 적셔 고기와 함께

싸 먹는 시범을 보였다. 탄수화물과 단백질의 조합은 만국 공통의 정답인 듯 입에 착착 붙었다. 이번엔 채소에 고기를 싸 먹어보려 젓가락을 들었다. 이럴 수가. 이번에도 머리카락이 눈에 띄고 말았다. 재빨리 머리카락을 잡아 바닥으로 던져버렸지만, 엄마의 젓가락질에서 점점 힘이 빠지는 게 보였다.

"엄마 맛이 없어?"

"아니 맛은 괜찮아. 지금 배가 안 고파서 그래."

이런 미적지근한 부정은 긍정에 가깝다. 두 번 연속 등장한 머리카락에 엄마가 입맛을 잃은 것이 분명했다.

'여기 맛집이라고 그랬는데…….'

맛집은 맞았다. 국물은 감칠맛 났고, 숯불 완자는 돼지갈비보다도 맛났다. 그런데도 영 식사 못 하는 엄마를 보니 나도 분짜가 입으로 술술 넘어가질 않았다.

이틀 뒤, 이번에는 오바마가 하노이에 왔을 때 들렀다는 오바마 분짜집으로 갔다. 미국 정상이 들른 식당은 좀 다르겠지? 이번에는 엄마에게 분짜의 참맛을 알려주고 싶었다. 메뉴 구성은 첫날의 식당과 비슷했다. 비슷한 구성으로 주문했더니 차려지는 모양새도 닮았고. 두 가게의 분짜 맛 역시 취향을 탈 뿐 우열을 가리긴 어려웠다. 그래도 이 집은 눈에 띄

는 머리칼이 없었으며 테이블과 바닥도 첫 번째 가게보다는 깨끗했다. 오버해서 더 맛있는 척을 한 뒤, 엄마 눈치를 슬쩍 봤다. 이 맛있는 조합 앞에서도 돼지고기 한입, 맥주 한 입만 반복하는 엄마다. 아무래도 엄마는 첫 분짜집에서 받은 충격이 아직 가시지 않은 것 같았다.

'나는 현지 음식도 잘 사 먹고 맛만 좋다면 노점 음식이라도 도전할 수 있다'고 주장했었지만. 지난 인도여행에서 아주 호되게 물갈이를 경험한 뒤 그 호언장담을 거두게 되었다. 이십몇 년밖에 안 산 나도 따지는 게 있는데, 오십 년이나 산 엄마는 어떨까. 위생 기준은 나보다 더 까탈스러워졌을 것이며 경험한 적 없는 향신료는 더 낯설겠지. 딸에게 괜찮은 척을 하려 고기를 깨작거리는 엄마가 안쓰러웠다. 다양한 맛과 다양한 문화를 경험시켜드리겠단 핑계로 엄마를 배려하지 않는 여행 중은 아닌가, 문득 반성이 됐다. 혼자 분짜 먹으러 온 여행이 아니기에 탐험은 멈추고 엄마의 현 상태와 타협을 해야 했다.

사실 하노이에서 엄마가 제일 좋아했던 가게는 홍콩식 딤섬 가게, 팀호안이었다. 남들은 다 입에 잘 맞다는 베트남 음식에 엄마가 통 적응을 못하기에 맛과 위생이 담보된 가게를 갔다. 정갈한 실내장식, 깨끗한 식기, 친절한 종업원, 고층 유리창으로 내려다보이는 하노이 시내 풍경, 익숙한 만두까지. 하노이에 온 이래로 엄마가 가장 편안하게 식사를 했다. 새우, 돼지고기 만두는 맛과 향에서 거슬릴 것이 없었고 소보루 빵에 비비큐 양념된 고기를 넣은 만두 역시 익숙한 맛이 났다. 베트남에서 홍콩

만두를 가장 맛있게 먹다니, 그간의 검색이 무의미하게 느껴질 뻔 했지만. 이내 생각을 고쳐먹었다. 베트남에서 베트남 음식만 먹으란 법은 없잖아. 본인은 할머니가 아니라며 한식당은 한사코 거부하는 엄마와 가장 익숙해서 맛있는 음식을 먹어 좋았다고. 롯데 타워 전망대에 오르지 않고도 36층에서 하노이 전망을 볼 수 있어서 행복했다고. 다르게 생각해보기로 했다.

여행 팁 8 : 여행에서의 식사

밥심으로 살아가는 민족답게, 한 끼라도 부실하면 힘이 안 나는 우리. 알다시피 부모님 세대는 향신료에 익숙지 않기에 언제나 플랜B가 필요했다. 현지 음식이 입에 맞지 않는 것 같다면, 꼭 현지 음식만 고집하기보단 부모님 입에 맞을 무난한 음식점에 가도 좋겠다. 한국에서도 중식, 일식, 양식을 먹는데, 베트남 여행이라고 베트남 음식만 먹으란 법은 없으니까.

현지 느낌이 물씬 나는 식당에 가는 길에는 약간의 사전 작업이 필요했다. 수백 개에 달하는 구글맵의 리뷰를 보여주며 '이 식당이 얼마나 전 세계적으로 유명한 곳인가'를 입에 침이 마르도록 강조하면 다소 입에 맞지 않는 음식 일지라도 조금 더 마음의 문이 열렸다.

부모님과 현지 음식에 도전할 때는 구글맵의 리뷰보다 네이버 블로그의 추천이 조금 더 적중했다. 한국인 사이에 유명한 곳은 역시 이유가 있었다. 조금은 안전한 도전을 하고 싶다면 추천할 만한 방법이다.

엄마도 헌팅을 좋아해

남들은 태국 음식보단 베트남 음식이 더 입에 잘 맞는다고 했는데. 의외로 음식이 입에 맞지 않아 엄마는 베트남에 온 이후로 적잖이 고생하는 중이다. 베트남에서 엄마를 살린 건 맥주였다. 적당한 열량에 힘듦을 잊게 만드는 알코올까지. 향신료와 더위에 지친 엄마는 조식 때를 제외하곤 식당에서 언제나 맥주 한 병을 주문하곤 했다.

내가 알지 못하는 시절부터 경숙 씨는 맥주를 좋아했던 것 같다. 아빠와 처음 만난 자리에서도 '맥주 한잔하러 가실래요?'라고 제안했다고 하니. 그런 당돌한 여자는 처음 봤다며, 30년 지난 지금까지 아빠가 반복하는 걸 보면 경숙 씨의 맥주 사랑이 어제오늘 일은 아닌 것 같다. 한국에서도 여름밤이 되면 경숙 씨는 500mL짜리 캔 맥주 한 개와 허니 버터 아몬드 작은 봉지 하나를 꺼낸다. 맥주 두 모금에 허니 버터 아몬드 한 알을 오독오독 씹으며 텔레비전 드라마를 보는 것이 여름밤의 낙이다. 스무 알 남짓 되는 작은 봉지는 금세 동이 나고 만다. 안주가 더 필요하다는 핑계로 한 봉을 찬장에서 더 꺼내오고, 다음에는 안주가 남았다는 핑계로 또 캔 맥주를 하나를 꺼내온다. 마지막 건강검진에서 혈압도 높고 콜레스테롤도 높다는 판정이 났댔다. 1일 1캔은 이제 그만둬야 한다는 소견이다. 그래도 6월이 지나 7월 밤이 되면 경숙 씨는 어찌할 도리 없이 냉장고 깊은 곳에서 맥주를 한 캔 꺼낸다. 제 일 바빠 술 한잔 같이 마셔 주지 않는 자식들, 일한다며 늦게 들어오는 남편. 경숙 씨는 혼자라 거실에 에어컨 틀기가 애매한 날씨가 되면 에어컨 대신에 맥주 한 캔을 딴다.

덥다는 말로 다 형용할 수 없는 8월 하노이의 한낮을 겪어내고 나면, 매일 저녁 맥주 한 잔을 기울이며 하루를 마무리해야 했다.

"엄마, 내가 찾아봤는데 여기 맥주 거리란 데가 있대. 오늘은 거기 한 번 가 보자."

"맥-주-거-리? 당연하지! 당연하지!"

하노이에 온 뒤로 보기 힘들던 적극성이다. 둘이 가게에서 홀짝이는 맥주와 무려 '맥주 거리'에서 마시는 술맛은 비할 수가 없을 것 같았다.

해가 진 뒤 펼쳐진다는 맥주 거리에 적당한 시간에 도착했다. 왕복 2차선 도로 너비의 골목 양쪽으로 술집이 빼곡했다. 가게 안으로 멀쩡한 테이블도 보였지만, 대부분은 분위기를 느끼려 플라스틱 노상 테이블에 자처해 앉는 분위기였다. 골목을 따라 손님이 빽빽한 테이블이 두 겹씩 줄을 지었다. 백열등을 주렁주렁 밝힌 골목 가운데서 다 비슷해 보이는 가게 사이를 걷자니 호객행위가 끊이질 않았다. 메뉴판을 슬쩍 보니 안주는 거기서 거기 같았다.

서양인 눈에는 다 똑같아 보인다지만, 한국 중국 일본 사람은 서로를 구분할 수 있다. 먼발치부터 '한국인'임이 유력한 두 청년이 보였다. 투블

럭 커트에 둘러맨 힙쌕, 티셔츠 목에 건 미러 선글라스까지. 가까이 갈수
록 한국인이란 확신이 들었다. 한 번 얼굴에 철판을 깔고 생생한 정보를
얻어보리라 기대하며 바로 우리말로 말을 걸었다.

"한국인이세요?"

"네! 맞아요. 와 어떻게 아셨어요?"

"딱 한국인 같아 보여요! 죄송하지만 뭐 하나 여쭤봐도 될까요? 이 가
게는 안주 어때요?"

"괜찮아요. 아 사실 저희도 오늘 처음 와본 거긴 한데……."

간만에 나 아닌 한국어 화자와의 대화에 신이 난 엄마가 대번에 결정
을 내렸다.

"그럼 그냥 이 집에 앉자!"

처음에는 분명 낯선 청년들과 테이블이 떨어져 있었던 것 같다. 상호
반가운 마음에 테이블을 넘나드는 대화가 끊이질 않았고 결국 테이블
을 통째로 들어다 붙였다. 거슬릴 향이 없는 마가린 구이 해물 안주에 생
맥주잔을 짠-짠- 부딪히다 보니 엄마도 몹시 흥이 나 보였다. 테이블에
500mL 맥주잔이 쌓여갈수록 처음 만난 청년들과의 이야기도 깊어졌다.

청년들은 어릴 때부터 친했던 동네 친구랬다. 덩치가 작은 친구는 이번
에 대기업에 취업했고 덩치 큰 친구는 훨씬 이전에 취업했댔다. 그동안
은 먼저 취업한 친구가 많이 베푼 모양이다. 이제는 돈도 잘 버는 이놈이
쏠 차례라며, 덩치 큰 친구가 제 일처럼 흐뭇한 웃음을 지었다. 둘은 처음

으로 휴가 날짜를 맞춰
해외여행을 같이 왔댔
다. 너무 어릴 때부터 친
구라 좀 있으면 근 삼십
년지기가 된다는 저 사
이가 참 끈끈해 보였다.

나와 청년들은 알고 보니 동갑이었다. 엄마로서는 아들뻘이라, 이들과의
대화를 어색해할 줄 알았건만. 의외로 낯선 장소에서 경숙 씨는 그저 한
명의 여행자가 되어 다른 여행자들과 이야기를 이어갔다. 그저 하노이에
서는 어디가 제일 좋았는지 묻고, 우리가 갔던 여행지 중에 별로인 곳을
알려줬다. 또 둘은 언제부터 친구였는지, 새로 취업한 그 회사 근무 강도
는 어떤지 친구들에게 끝없이 질문했다.

"내일 저희 하노이 인형극 보러 갈 건데, 같이 가실래요?"
남은 일정에 관해 이야기하다, 한 친구가 그럴싸한 제안을 했다.
"아 여기 인형극 한다는 말을 듣긴 했는데, 표 사기가 번거로워 보여서
저희는 안 보려고 했죠."
"그럼 이렇게 하면 어떨까요? 저희도 내일 인형극 보러 갈 생각이었고
두 분도 보러 가실 생각이 있었잖아요."
"그런데요?"
"가위바위보를 해서 진 사람이 내일 아침에 가서 표를 사는 거예요."
"몇 시까지 가야 하는데요?"

"아침 9시까지는 그 앞에 가야 한대요."

새우구이와 생맥주로 이미 기분이 좋은 엄마는 어찌 됐든 좋다는 입장이다. 딱 한판 승부일 것을 약속하고 가위바위보를 했다. 미안하게도 우리가 한판승을 거뒀다.

"내일 9시까지 저흰 극장 앞으로 가면 되죠? 돈은 미리 드릴까요?"

"아녜요. 내일 와서 주세요."

"그럼 그럴게요. 내일 봐요!"

우연한 만남과 때에 따라 친구가 될 가능성. 의외로 경숙 씨가 여행자의 대화에 잘 녹아들어 놀랐다. 문득 숙소 침대에 누워 이런 생각을 했다. 경숙 씨는 스물여섯 살에 시집을 왔다. 대학을 졸업하고 일 년 반 남짓 직장을 다니다 중매로 결혼한 뒤 일을 관뒀댔다. 삼십 년간 엄마로 살고 장사만 하다 보니, 본인은 이제 아무것도 모른다며 속상한 소리를 할 때가 있다. 엄마가 결혼을 조금 더 늦게 했다면? 아니면 내가 그랬던 것처럼 스물여섯 살에 여행을 많이 떠날 수 있었다면? 엄마도 엄마가 아닌 경숙 씨의 모습을 조금은 더 간직하고 있지 않을까?

남들이 너랑 자매 같단다!

내 기준에 엄마는 꽤 예쁜 편이다. 얼굴은 자그마하고 코도 작지만 오뚝하다. 까맣고 큰 눈동자를 지닌 눈에는 원래는 쌍꺼풀이 없었지만, 나이가 들며 오묘한 쌍꺼풀이 자리를 잡았다. 그 쌍꺼풀은 사실 늘어진 살이 겹겹이 접힌 모양이라 엄마는 매일 '쌍꺼풀 수술해야 하는데'를 입에 달고 산다. 오십 평생 점 빼기 외에 어떤 시술도 경험해보지 않은 경숙 씨. '쌍꺼풀 수술해야 하는데……'를 최소 5년간은 들어온 것 같지만, 수술이 무서운 경숙 씨는 매번 결단의 시기를 '내년 겨울쯤'으로 미룬다. 이마는 판판하니 적당히 넓은 편이다. 가끔 흰 머리가 보이지만, 아직은 굵고 탄력이 있는 머릿결을 지녔다. 딱 한 개 뚫은 귓불 구멍에는 때와 장소에 따라 다양한 귀걸이가 걸린다. 일상용으론 작은 링 귀걸이를 끼고 모임이라도 나가는 날에는 좀 더 화려한 귀걸이를 낀다. 내 눈에만 그랬을지 모르지만, 우리 엄마는 다른 친구 엄마보다 언제나 더 예뻤다.

모든 것이 가장 아름다운 시절에 멈춘다면 얼마나 좋을까. 아쉽게도 오십 대 경숙의 얼굴 곳곳에는 굵은 주름이 자리 잡았다. 대표적으로 미간이 내 천(川)자로 주름졌다. 신경 쓸 일도 마음 졸일 일도 많던 지난날의 흔적이다. 다행히 좋은 주름도 있긴 했다. 경숙 씨는 웃을 때 눈가 주름이 관자놀이까지 구겨지는데, 늙어 보인다며 본인은 싫어하지만 나는 그 주름의 느낌이 좋다. 얼굴에 주름과 기미가 많은 경숙 씨는 두꺼운 피부화장을 선호한다. '하─얀 화운데이션'을 발라야 화사해 보인다며 약속 있는 날은 기미를 모두 파운데이션으로 가릴 기세로 피부화장을 올린다. 자연스러운 화장이 대세인 시대에 역행하는 화장을 선보이기에 한 마디를 보태면, '기왕 화장하는데 왜 티가 안 나야 하냐'는 무적의 논리가 돌아온다.

경숙 씨는 화장에는 능숙하지만, 머리 손질에는 영 소질이 없다. 딸이 고데기나 롤 빗을 들면 꼭 자기 머리도 모양을 내어 달라고 부탁을 하곤 했다. 화룡점정으로 경숙 씨가 사랑하는 굵은 금반지와 팔찌도 빠질 수가 없는데. 폭이 2cm에 달하는 금반지는 경숙 씨 자신감의 원천이 아닐까 싶다.

경숙 씨는 살림에 있어선 손이 야물지만, 종종 어떤 분야에 대해서는 손이 야물지 못했다. 특히 목걸이나 팔찌의 고리를 한 손으로 열어 반대쪽 링 안에 넣는 일에 서툴렀다. 낑낑대며 애쓴다면 스스로 할 수도 있긴 하지만, 그것보다는 딸을 부르는 게 더 쉽고 빠른 게 사실이다.

"딸 이리 와봐. 이것 좀 끼워줘."

"거울 보면서 구멍에 딱 끼우면 되잖아. 왜 맨날 나한테 해달라 그래!"

"거울 봐도 구멍이 잘 안 보여. 너도 내 나이 돼봐라."

아직 그 나이가 되어보지 않은 나는 입을 꾹 다물고 귀걸이 마개를 열어 엄마 귀에 끼웠다.

이렇게 여행의 새 하루가 시작되면 베트남에서는 일찍 나가 길거리를

걸었다. 한낮은 너무 더우므로 일찍 나갔다가 중간에는 쉬는 형태로, 자연히 매일의 루틴이 굳어졌다.

이날 첫 번째로 찾아간 구경거리 '호찌민의 묘'는 들은 대로 공사 중이었다. 굳게 닫힌 묘라도 구경하려는 건지 몰려든 사람이 많았다. 돌아서려는 우리에게 누군가가 투박한 영어로 중요한 사실을 알려줬다.

"5분만 기다리면 근위병 교대식을 해요."

"그래요? 볼만 한가요?"

"이곳에 왔다면 꼭 봐야죠. 멋져요."

아, 그래서 아무것도 없는 것 같은데 사람이 많았구나. 하노이 주민 말을 믿고 5분을 기다리기로 했다. 근위병 옷 위의 칼각도, 병사들의 걸음속 각도도 지나치게 뚜렷해 그의 설명처럼 5분 정도 기다릴 가치가 있었다. 묘와 연결된 정원까지 구경하고 나니 역시 참을 수 없이 더워지고 말았다. 태양에너지가 너무 직접적이어서 머리가 띵할 지경이었다.

이 무렵은 조식 때 마신 커피의 각성 작용이 줄어들 즈음이기도 했다. 정원 뒤편으로 나가니 유원지에 딸린 매점이 나왔다. 아쉽게도 실내에는 에어컨이 없었지만 바깥 그늘 아래도 나쁘진 않았다. 연유 커피와 블랙커피를 시켜 밖에 앉았다. 바닥에 깔린 연유를 열심히 휘저으니 블랙커피는 카페라테 색으로 변했다. 우선 두 가지 커피를 바꿔 맛보고 자기 입맛에 더 맞는 음료를 고르기로 했다. 둘 다 변덕이 심한 우리는 어떤 날은 단 커피가 끌렸고 어떤 날은 쓴 커피가 끌렸지만, 베트남에서 뜨거운 커피가 마시고 싶은 날은 없었다.

옆 테이블에 앉은 베트남 아저씨가 말을 걸어왔다.
"아유 씨스터?"
엄마가 찰떡같이 '씨스터'를 알아들었다.
"뭐래? 우리 씨스터냐는 거야?"
"그런 것 같은데?"
"맞춰보라고 해."
"왜?"
"우리 진짜 자매처럼 보이나 한번 보자."
시킨 대로 되물어보니 엄마가 원하는 대답이 돌아왔다. 엄마 입이 귀에 걸릴 듯 찢어졌다.

"남들 보기엔 우리가 자매 같나 보다. 어떻게 하니 우리 동생."

믿을 수가 없었다.

"엄마 썬글라스로 눈 가려서 그래!"

그 뒤로 여행이 끝날 때까지 엄마는 우리가 '자매'처럼 보인다는 점을 끈질기게 어필했다. 아니라고 믿고 싶었지만, 색만 다른 선글라스를 낀 엄마와 내가 참 닮아 보이긴 했다.

여행 팁 9 : 사진으로 하는 효도

여행을 마친 뒤 엄마의 카톡 프로필 사진은 여행지에서의 사진으로 빼곡하게 찼다. 엄마보다는 내가 사진 솜씨가 낫다는 생각에 열심히 찍어 드린 보람이 있다. 애정을 담아 찍어주는 사진이야말로 '돈 안 드는 최고의 효도'가 아닐까 싶다. 이번 여행에서 몇 차례의 시행착오 끝에 '반드시 엄마 마음에 드는 사진 찍는' 방법을 알아냈다. 구도와 배경보다도 전체적인 색감보다도 중요한 것은 '젊게 나왔는가'였다. 갖은 노력으로 조금이라도 어려보이게 찍힌 사진이라면 언제나 환호 세례가 이어졌다.

그동안 갈고닦은 사진 실력을 발휘해 다양한 모습으로 부모님의 가장 젊은 오늘을 남겨보자. 이번 여행이 그들의 오랜 자랑이 될 수 있게 말이다. 여행을 마친 뒤, 일정과 사진을 정리해 한 권의 포토북으로 선물한다면 짧은 추억이 더 오랜 기억으로 남을 수 있을 것이다.

모로 가도 서울로 가기

사실 베트남에 온 이유는 하노이보다도 '하노이에서 갈 수 있는 하롱베이' 때문이었다. 하노이에 도착한 다음 날, 시세도 파악할 겸 길거리 여행사에 슬쩍 들어가 물었다.

"하롱베이 투어 가고 싶어요."

버선발로 환영하던 여행사 직원들이 어쩐지 뜨뜻미지근한 반응이다.

"갈 수 있을 수도 있고, 없을 수도 있어요."

직원 서너 명이 서로서로 잠시간 쑥덕거리더니 '그래도 갈 수 있을 것 같다'는 결론을 냈다.

"아마 갈 수 있을 것이니 오늘 계약금을 내세요."

"못 갈 수도 있다는 말인가요? 왜요?"

"지금 태풍이 올라오고 있어요. 그런데 아마 갈 수 있을 거예요. 갈 수 있어요."

"그럼 내일 올게요. 내일 다시 말해주세요."

커다랗지만 왠지 신뢰가 가지 않는 여행사에서 나가 다른 여행사로 갔다. 엄마랑 나랑 손잡고 양팔을 벌리면 양 끝이 닿을 듯 좁은 가게였다. 짧게 자른 머리를 무스로 바짝 넘긴 아저씨가 노트북 한 대, 전화기 한 대와 함께 홀로 가게를 지키는 중이었다.

"우리 하롱베이 투어 가고 싶어요."

"하롱베이 투어요? 지금은 불가능합니다."

"절대 불가능인가요? 다른 여행사는 가능할 수도 있다고 하던데요."

"절대요. 지금 태풍이 너무 심각해서 출항 나간 배도 다 들어오라는 명령이 떨어졌어요."

"아까 다른 여행사는 가능할 수도 있다고 했는데……."

엄마가 유일하게 들어 본 '하롱베이'에 가기 위해서 베트남에 왔는데…! 그 하롱베이를 못 간다니!

"그 여행사는 거짓말을 하는 겁니다. 아마 결제를 미리 해 놓게 하고 내일쯤 갈 수 없다고 다른 투어로 변경하라고 할 거예요."

아저씨의 단호한 태도가 아주 마음에 들었다.

"그럼 우리는 하롱베이를 구경하려고 베트남에 왔는데……. 뭘 해야 할까요?"

"하롱베이와 비슷한 닌빈이 있어요. 하롱베이는 바다라면 여기는 강인데, 풍경은 둘이 비슷해요."

"태풍이 와도 닌빈 투어는 하나요?"

"바다만큼 풍랑이 심하지 않아서 닌빈 투어는 비가 와도 합니다."

"날씨가 좋기만을 바래야겠네요."

"그럼요."

그렇게 꿩 대신 닭으로, 하롱베이 대신 닌빈로 향하게 되었다.

　닌빈 여행은 당일치기 투어로, 하노이에서 출발해서 바이딘 사원을 구
경하고 하롱베이를 닮은 강에서 보트 유람을 한 뒤 돌아오는 코스였다.
관광버스를 타고 2시간 정도 달려 바이딘 사원 앞에 닿았다. 오는 길에
흘려 들은 가이드 설명에 따르면, 사실 이 사원은 다시 지은 지 10년밖
에 안 된 '뉴 템플'이라고 했다. 원래 있던 작고 유서 깊은 사원을 이 지
역 '시멘트 왕'이 다시 크게 지었댔다. 시멘트 사업으로 부자가 된 이 지
역 유지가 죽은 부인을 기리고자 절을 크게 증축했다고 했다. 돈과 사랑

두 마리 토끼를 모두 잡은 알짜배기 시멘트 왕이었다. 버스를 타고 올 때까지만 해도 비가 오지 않았는데, 태풍은 태풍인지 도착하자 비가 내리기 시작했다. 시멘트 왕의 포부답게 사원이 엄청나게 넓기에, 사원 중심까지 전동차가 우리를 날라줄 것이라고 했다. 이산화탄소 가득 한 관광버스에서 내려, 사방이 뚫린 전동차를 타고 얼굴에 바람을 직통으로 맞으며 달리니 흥이 올랐다. 점점 굵어져 가는 빗방울도 이 순간에는 신선하게 느껴질 뿐이었다.

'이왕 지을 거, 크게! 금으로!'가 목표였나 싶은 이 사원은 입구부터 대형 금불상으로 분위기를 압도한 뒤 수천 개의 돌부처로 꼼꼼함을 과시했다. 그 돌부처님은 자주 보던 온화한 부처님의 모습이 아니었다. 어떤 부처님은 왜 이제야 왔냐는 듯이 손으로 나를 곧장 한 대 내리 칠 기세였고, 어떤 부처님은 책을 읽고 있기도 했으며, 어떤 부처님은 무언가를 생각하는 듯 골똘히 머릴 받치고 있기도 했다. 불교 경전의 말씀을 하나하나 담은 불상들이라고 했다.

한 건물 내부를 구경하고 나왔더니 거짓말처럼 세찬 비가 쏟아졌다. 소나기라 금방 그치리라 믿고 모두가 잠깐 처마 밑에서 기다렸는데. 십 분 넘게 기다려도 비가 잦아들 기미가 없자, 누군가가 그 비 사이로 냅다 달리기 시작했다. 용기가 있는 자가 뛰자 모두 그를 따라 뛰었다. 우리도 앞이 보이지 않는 폭우 속을 뚫고 다음 건물까지 내달렸다. 최선을 다해 질주했지만, 이 비 아래에서는 모두가 공평하게 폭-삭 젖고 말았다. 의외로

비를 맞으며 달리고 나니 웃음이 났다. 내게는 20년 전쯤 일이고 엄마에게는 40년 전쯤 일 어느 순간으로 돌아간 것 같았다.

다시 버스에서 에어컨 바람에 몸을 말리며 '내륙의 하롱베이'로 갔다. 아까처럼 양동이로 들이붓지는 않지만, 여전히 비가 내리는 중이었다. 초록 물이 비현실적인 절벽을 감으며 뻗어가는 강. 우리는 그 강 위를 나무 보트 타고 흘러가며 구경할 것이다. 이탈리아 출신 아저씨 두 명과 우리가 한 배를 탔다.

'하롱베이, 환-상-의 하롱베이.'
그 이름과 풍경을 사진으로 지겹도록 접했기에 오히려 별 기대가 되지 않았다. 왠지 하롱베이는 '효도 관광' 하러 오는 곳 같이 느껴지기도 했다. 막상 나룻배에 앉아 강을 올려다보니 느낌이 좀 달랐다. 끊임없이 내리는 비도 운치를 한 숟갈 더했다. 석회암 지역이라 강 곳곳에 동굴도 형성되어 있었다. 비가 와서 강 수위가 더 높아졌기에 동굴을 지날 땐 아찔한 풍경이 연출됐다. 앞선 배의 승객은 머리를 숙였지만 동굴 천장에 머릴 박고 말았다. 뱃사공이 '머리 낮춰'라고 말하자마자, 이탈리아 아저씨들과 엄마와 나는 가능한 낮게 몸을 말았다. 아저씨 둘은 날씨에 취했는지 풍경에 취했는지 아니면 술에 취했는지 알 수 없지만, 동굴을 지날 때마다 오페라의 유령 주제가를 불러댔다. 우비 쓴 어깨 위를 토독이는 빗방울, 채도가 빠진 사진 속에 들어온 듯한 풍경, 철 덜 든 이탈리아 아저씨들. 진짜배기 하롱베이는 못 갔지만, 짭-롱베이 투어도 나쁘진 않았다.

　보통 비가 오는 날은 여행하기 꺼려지지만, 이날은 그놈의 비 때문에 더 오래도록 기억에 남을 것 같다. 엄마는 아직도 우리가 갔던 강의 이름을 모른다. 그 강에 대해 엄마와 대화를 시작하려면 '짬-롱베이' 혹은 말하려면 '비 맞으면서 배 탔던 하롱베이'라고 설명을 덧붙여야 한다. 하롱베이든 강 위의 하롱베이든, 우리의 기억에 오래도록 남을 장소임은 틀림없다.

여행 팁 10 : 현지 패키지 투어

패키지여행이 싫어 자유여행을 왔는데, 왠 현지 패키지투어? 야매 1인 가이드의 지식과 체력이 바닥날 무렵, 하루쯤 택시 투어, 시티버스 투어, 현지여행사의 원데이 투어를 한다면 또 다른 재미를 느낄 수가 있다. 야매 가이드도 이날만은 진정한 휴가 기분을 느낄 수 있어 좋고 부모님은 전문가의 설명을 들을 수 있어 좋다. 다소 느슨할 자유여행 일정과 달리 하루 만에 많은 곳을 둘러보고 올 수 있기에, 긴 자유 여행 가운데 하루 이틀쯤은 현지 투어를 섞는 일정도 만족도가 높다.

한국 여행사에서 모집하는 현지 일일 투어를 예약하고 간다면 마음이 편해서 좋고, 현지 여행사에서 모집하는 일일 투어에 참여한다면 직접 부딪혀야 하는 대신 더 저렴한 가격이라 좋다.

여러 관광지를 짜임새 있게 이어주는 패키지 투어뿐만 아니라, 하루쯤은 현지 요리를 배우고 맛보는 쿠킹 클래스나 현지의 수공예 원데이 클래스에 참여해 보는 것도 추천할만하다. 부모님 세대가 익숙한 '구경' 중심의 여행에서 벗어나 '체험'까지 더한다면 더욱 기억에 남는 여행이 될 것이다.

경숙 씨 인생 최초 재즈바 입성

시기가 적절치 않았는지 하노이 시내에서는 별로 볼거리가 없었다. 'Must visit'이라고 소개된 성당은 상상만큼만 멋있었고 모스크바 붉은 광장의 '레닌묘' 같은 분위기를 기대하고 간 '호치민의 묘'는 수리 중이라 외관만 보고 돌아와야 했다. 한국 사람이 많이 간다는 '롯데 타워'도 갔다. 36층 높이에서 찌그러진 하트 모양 호수를 봤고 롯데마트에서 기념품도 가득 샀다. 하노이 관광의 중심지라는 '호안끼엠 호수'는 숙소 앞이라 자주 지나치다 보니 식상해졌고, 하노이의 명물이라는 '수상 인형극' 초반 10분 정도만 흥미로웠다.

그래서 하노이에서는 여유가 넘쳤다. 우리는 그 잉여로운 시간을 커피라는 공동의 취미로 채웠다. 호기심 가득한 마음으로 접근했던 '에그 커피'. 생달걀을 저어 에스프레소 위에 올려 마시는 커피랬다.

'비리지 않을까? 살모넬라균은 괜찮나?'

소소한 걱정거리가 떠올랐지만, 칭찬 일색의 후기를 보니 참을 수가 없었다. 일말의 의심을 버리지 못하고, 일반 커피 한 잔과 에그 커피 한 잔을 주문했다. 주문 즉시 거품기로 달걀 거품을 치는 소리가 들렸다. 먼저 나온 블랙커피로 목을 축인 뒤 달걀 커피를 눈곱만큼 티스푼으로 떠서 맛봤다. 뜨거운 커피 위에 올려진 달걀 크림에서 전혀 비린 맛이 느

껴지지 않았다. 커스터드 크림 같은 맛이 났다. 에그 커피는 뜨거운 채로 마셔야 더 맛있을 것 같아, 해가 한풀 꺾인 늦은 오후쯤에야 그 카페에 갔다. 너무 늦은 시간에 마시자니 잠이 오지 않을 것 같고, 이른 시간에 마시자니 더울 것 같아 에그 커피란 결국 우리에게 딜레마 같은 존재로 남고 말았다.

 그런 우리에게 생명수같이 내려온 존재가 코코넛 커피였다. 코코넛 샤베트에 에스프레소를 부어 마시다니. 빠다 코코넛과 밀크커피는 원래도 엄마가 좋아하던 간식들이었다. 그 둘을 합쳐놓은 코코넛 커피를 처음 맛봤을 때, 너무 맛있어서 둘 다 발을 동동 구르고 말았다. 하노이 곳곳에 분점이 있는 '콩 카페'는 더위에 모든 의지가 꺾이기 직전마다 우리에게 다시 출발할 힘을 줬다. 인기가 많아서 에어컨 가동되는 실내에 앉는 것은 하늘의 별 따기였고 주로 가게 앞에 깔린 낚시 의자에 앉아야 했지만. 이상하게 코코넛 커피를 쪽쪽 빨아 마시고 있자면, 야외에서 목욕탕 의자에 앉아있는 시간도 그리 못 견디게 덥게 느껴지지는 않았다. 한 잔을 홀짝이는 동안 도로 위로 흘러가는 오토바이와 사람의 규칙을 구경하는 것도 재미있었다.

엄마와 여행 온 지 거의 보름이 다 되어간다. 물놀이를 거치며 한국에서 받고 온 네일아트는 이미 몇 점이 어딘가로 날아가 버렸다. 딱히 더 해야 할 일도 없던 우리는 하노이 네일 가게에 가서 손발톱 손질을 받아보기로 했다. 지난번에 엄마가 내 파랑 손톱을 보고 멍든 것 같다고 했기 때문에, 이번에는 색상 선택에 신중을 기했다.

"나는 이 자개 조각 붙이는 거 할 거야. 엄마도 여기서 사진 밑으로 내리면서 골라."

"네가 그거 한다고? 나도 그거 할래."

"아 왜 똑같은 거 해? 다른 거 해 엄마는."

"똑같은 거 좀 바르면 덧나냐?"

결국 같은 디자인, 다른 색 정도로 합의를 보고 손톱 손질도 마쳤다.

저녁에는 재즈 바에 갈 예정이었다. 음악이 쿵쿵대면 자동으로 엉덩이가 들썩거리고 마는 건 엄마에게서 물려받은 기질인 듯 싶다. 요즘에는 엄마가 젊은 트로트 가수에게 완전히 빠져버렸지만, 젊었을 때는 엄마도 꽤 다양한 음악을 들었던 것 같다. 엄마는 우리 남매에게 초등학교 저학년 때까지 늘 클래식을 자장가로 틀어줬다. 중학교 때까지 피아노 과외를 했던 것도 기억이 난다. 엄마는 우리가 피아노쯤은 멋들어지게 연주하는 교양있는 어른으로 성장하기를 바란 것 같다. 안타깝게도 동생

과 나는 피아노를 멋들어지게 연주하지도 못하고 그다지 교양있는 사람
으로 성장하지도 못했지만. 엄마의 바람 덕분에 다양한 음악을 즐기는
사람은 된 것 같다.

이른 저녁부터 사람이 꽉 찬 재즈바였지만 운이 좋게도 엄마가 좋아하
는 피아노 연주자 바로 앞에 앉을 수 있었다. 엄마는 맥주를, 나는 칵테일
을 주문했다. 가수 아저씨는 호랑이 같은 목소리로 노래를 부르다가 대
뜸 색소폰을 불다가 갑자기 무대 위에서 담배를 맛있게 피우기도 했다.
드럼의 규칙적인 리듬, 더블베이스의 묵직한 뚱땅임, 재즈 피아노의 짜
릿한 진행, 그리고 한 마리 호랑이 같은 가수 아저씨의 목소리가 멋있어
서 녹아내릴 것 같았다. 어두운 조명과 커다란 음악 소리 때문에 내 테이

블 그리고 공연만이 지금 이 세상 전부인 듯 느껴졌다. 빨갛고 푸른 네온 사인이 여태까지 여행하던 하노이와 다른, 매력적인 분위기를 공기 중에 흩뿌렸다. 익숙한 클래식이 아니라 처음에는 낯설어하던 엄마도 이내 그 섹시한 분위기에 적응하고 즐기기 시작했다. 맥주 한 모금, 칵테일 한 모금, 음악 한 조각이 사라지는 것이 아쉬웠다. 이 밤과 음악이 끝나지 않았으면 하고 간절히 바랐다. 음악이 끝나면 곧 이 여행도 끝나고 말 테니까. 그러면 언제 엄마와 다시 이런 재즈바에 올 수 있을지 기약이 없으니까.

나도 마냥 좋았던 것만은 아니라고!

　엄마와 함께한 아름다운 이야기들을 나열했지만, 사실 여행에서 좋은 일만 있던 건 아니었다. '결혼하기 전에 배낭여행을 한 번 같이 가봐라' 따위의 말은 꽤 일리가 있는 것 같다. 여행은 상대의 바닥을 볼 기회가 맞았다. 엄마와는 나는 이제는 서로의 밑바닥을 굳이 확인할 필요가 없었지만, 자주 그렇게 되고 말았다. 나름 효도하겠다며 살뜰히 짜온 코스가 내 마음같이 흘러가지 않을 때, 쉽게 엄마에게 짜증을 냈다. 때때로 낯선 땅에서 모든 것을 내게 아기처럼 의존하는 엄마가 버겁게 느껴지기도 했다. 가격 묻기, 흥정하기, 길 묻기, 오늘 일정 묻기, 적절할 음식 고르기와 엄마 입에 맞지 않을 시 눈치 보기, 돈 관리, 지갑 단속, 지도 보기, 입장권 끊기 등. 사실 혼자 여행할 때는 홀로도 잘 해왔던 일들이다. 유난히도 '엄마와 함께'는 조금 더 힘겹게 느껴졌다. 엄마와 함께라 더 잘하고 싶은 마음 때문일까? 다른 사람과 함께 여행하며 여행 파트너를 배려하는 태도가 내게 체화되어있지 않기 때문일까? 어쩌면 두 이유 모두 정답일지도 모르겠다.

　주로 혼자 여행하며 제멋대로 하루를 보내는 데 익숙했던 나는, 사랑하는 엄마와 함께여도 때때로 종일 함께라는 사실 자체가 지쳤다. 일과를 마치면 오늘 찍은 사진 중 잘 나온 사진을 골라 엄마에게 보내줘야 했는데, 수백 장의 사진 중 최상의 몇 장을 고르고 전송하는 일이 점점 또 하나의 의무처럼 느껴졌다. 사진은 내가 더 잘 찍는다며 늘 내 카메라와 스마트폰으로만 찍어댔으니, 엄마 폰에는 본인 사진이 없었을 것이다. 지나고 보니 엄마가 매일 오늘의 내 모습이 얼마나 궁금했을까 싶다. 그런데도 귀찮다는 핑계로 '내일!'을 외치고, 다음날도 또 그냥 건너뛰기도 했다.

거긴 별로였다며 소심하게 불평하는 엄마에게 '그럼 엄마가 찾아봐!'라고 성질을 내기도 했다. 엄마가 아무리 네이버를 뒤적여봤자 아주 신통한 구경거리를 찾아오지 못할 줄을 알면서도.

이상한 코끼리 장식에 꽂혀 꼭 저것을 쌍으로 사야겠다는 엄마를 말렸던 일도 후회된다. 엄마가 이 장식에 빠진 것을 눈치챈 상인이 터무니없이 비싼 값을 불러 화가 났다. 순간의 분노로 인해 엄마가 코끼리 한 쌍을 못 사게 된 것이 지나고 보니 후회가 된다. 그래봤자 물 건너와서 사는 것보다는 싼데, 그냥 엄마가 하자 하는 대로 둘 걸 그랬다.

현지에서 유명한 맛집이라기에 찾아갔는데 엄마가 맥주만 홀짝일 때도 속상했다. 입맛은 확실히 주관인 분야라 삽시간에 바뀔 수 없는 줄을 알면서도, 좀 먹어보라며 자꾸 권했다. 나도 싫은 건 죽어도 안 먹으면서.

남들은 딸이랑 여행 다녀왔다고 하면 '너무 좋았겠다~'라고 이야기하지만 내심 우리 경숙 씨도 하고 싶은 말이 많을 것이다.

"나도 마냥 좋았던 건 아니라고!"

말 한마디 통하지 않는 태국과 베트남에서 '못된 딸년'에게 당한 구박을 생각하면 아마 억울하여서 경숙 씨도 당장 종이와 펜을 꺼내 들고 싶을 지도 모른다.

방콕과 파타야 그리고 하노이와 하롱베이 대신 닌빈. 의외로 여행 초반에는 하루가 아주 느리게 흘러갔다. 매일이 길고 생생했다. 파타야쯤부터 미친 듯 시간이 흘러가는 것 같았다. 아마 엄마를 '모시고' 왔다는 생각에서 벗어나 '함께 왔다'고 여기기 시작했을 즈음이었던 것 같다.

이국으로 날아온 지 얼마 되지도 않은 것 같은데 다시 한국으로 돌아가는 날이 되었다. 늦은 밤 비행기라 숙소에 짐을 맡기고 하노이를 마지막으로 돌아다니다 공항으로 향했다. 공항에서 나오는 길에 공항버스에 크게 데였기에 이번에는 택시를 탔다. 택시 기사는 답이 없어 보이는 교통 체증을 극복할 만큼 유능했다. 오토바이와 차와 버스와 사람이 뒤엉킨 하노이 도로에 이제 조금 적응이 된 것 같은데, 떠난다니 아쉬웠다.

공항에 가면 남은 지폐를 쓸 수 있을 줄 알았건만. 하노이 공항은 국제공항치고는 가게가 무척 적었다. 늦은 시간, 공항 내에는 쌀국수 가게와 주전부리를 파는 가게 몇 군데만 불을 밝히고 있었다. 사람도 적어 공항 안은 불이 켜져 있는데도 어둡게 느껴졌다. 남은 돈을 털어버리려, 하는

수 없이 문 열린 식당으로 갔다. 마지막 베트남 식당에서 캔 맥주와 안주를 시켰다. 이제 부담은 손톱만큼만 남기고 엄마와 정말로 부담 없이 술을 마실 수가 있었다.

"딸, 엄마 너무 행복했어. 태국이랑 베트남 둘 다 재미있었어. 네 얼굴 보기도 힘든데, 보름이나 같이 있어서 너무 좋았고 네가 외국까지 데리고 와 줘서 더더욱 좋았어. 엄마가 가끔 성질내서 미안해. 다음에 또 엄마랑 여행 갈 거지?"

"나도 짜증 내서 미안해. 우리는 둘 다 성깔도 똑같나 봐."

"그건 그래. 둘 다 양보가 없잖아."

"엄마 닮아서 그래."

"아니야 네 아빠 닮은 거야. 엄마는 성격이 온화하잖니."

"······."

"그래도 다음에도 같이 여행 가자. 다음에는 좀 덜 싸워보자."

더 잘해보려다가 서로에게 성질부린 줄을 굳이 설명하지 않아도 안다. 우리가 그 정도 사이는 되니까.

낮에 시내를 구경한 데다 맥주 두 캔의 기운까지 올라오니, 자정이 가까운 시간 엄마는 잠이 쏟아져 보였다. 공항 의자에 엄마가 기대듯이 눕고 마는 것을 보니, 이 아줌마가 내 엄마가 맞긴 맞다 싶다.

'나도 피곤하면 체면 몰수하고 눕는데······.'

하지만 1인 가이드는 엄마를 비행기 좌석 안까지 안내해야 그 임무가 끝나기에, 무거운 눈꺼풀을 버티며 잠시간 기다려야 했다. 잠시 뒤 게이트가 열렸고 사람들이 줄을 서기 시작했다. 긴 줄이 줄어들고 앞에 마지막 열 명 정도가 남았을 때 엄마를 깨웠다.

"엄마, 이제 집에 가야지!"

밤 비행기에 앉아 찌그러진 채로 잠깐 눈을 붙였더니 인천에 도착했다. 출국할 때는 놓쳐도 입국할 때는 놓칠 수 없는 식당가로 가 순두부찌개를 한 뚝배기씩 시켰다. 날달걀 하나를 툭 까 넣은 뜨끈하고 익숙한 국물을 마구 퍼먹으니 살 것 같았다. 마지막으로 우리는 공항버스 매표소로 향했고 각자의 집으로 가는 버스표를 샀다.

"엄마, 한국에서는 혼자 버스 잘 타고 갈 수 있지?"

"누굴 바보로 아나! 여기서는 문제없지! 카드도 있겠다, 말도 통하겠다."

그래도 엄마를 먼저 떠나보내고 싶어 엄마 버스를 더 빠른 것으로 샀다.

"다음에 봐!"

"그래. 건강히 지내고, 자주 집에 좀 와!"

"알겠어! 다음 달에 한 번 갈게."

"거짓말!"

대구로 향하는 버스가 잘 떠나는 것까지 보고 나서야 마음이 놓였다. 사실 여기서부터는 엄마도 알아서 잘 갈 수 있는데.

언제까지 엄마랑 같이 살 줄 알았다. 엄마 없으면 죽는 소리를 내던 꼬마 수정이는 어느새 어른이 되었고 취업을 했으며 타지에 정착해서 혼자 산다. 영원할 줄 알았던 '우리 집'은 이제 명절과 행사 때만 가는 고향 집이 되어버렸다. 매일 볼 때는 몰랐는데 반년에 한 번씩 부모님을 보니 나이 드는 것이 느껴진다. 엄마가 나이 들어 보이냐고 물으면 절대 그렇지 않다고 이야기하지만, 내가 나이 드는 만큼 엄마도 변해가는 것이 체감될 때도 있다.

세상에 엄마 닮은 아줌마가 많고 많지만, 우리 경숙 씨는 지구에서 내 말을 제일 관심 깊게 들어주는 사람이다. 나랑 입맛이 제일 비슷할 친구다. 몸의 길이와 둘레는 다르지만, 실루엣은 거의 일치하는 유일한 생명체다. 급전이 필요하다고 말하면 묻지도 따지지도 않고 통장에 든 돈을 다 부쳐 줄 세상 유일한 아줌마다. 경숙 씨는 이제 제 남편보다도 어쩌면 제 엄마, 아빠보다도 나를 더 사랑하는 것 같다. 나도 엄마를 좋아하지만, 언제 엄마가 나를 사랑하는 것만큼 그녀를 사랑할 수 있을지 모르겠다. 그건 아마 평생 불가능한 크기의 사랑일 것이다. 경숙 씨 손 마디가 단소만큼 굵어지게 한, 경숙 씨 다리에 하지 정맥이 생기게 한 사랑의 무게다. 아, 언제쯤 나는 엄마를 엄마만큼 사랑할 수 있을까.

여행 팁 11 : 같지만 다른 우리

2N년을 한집에서 살아온 우리지만, 마음과 생각마저 똑같을 순 없었다. 엄마와 함께 자유여행 하는 시간은 낯선 곳에서 엄마에 관해 좀 더 알아가는 시간이기도 했다. 토종 한국 아줌마인 우리 엄마는 종종 타국의 문화 앞에서 아주 낯선 반응을 했다. 우리나라와 달리 체계적이지 않은 외국 버스터미널에서 짜증을 냈고, 이상한 음식 앞에서 당황했으며, 길거리에서 새끼에게 젖을 먹이는 중인 빼빼 마른 어미 개에게는 과하게 몰입해 편의점으로 달려가 소시지를 사 와 먹였다.

같이 살아왔지만 이토록 생각이 다르단 걸 일찍 알았다면, 함께 겪는 스트레스가 훨씬 줄었을 텐데. '왜 이것도 모를까' 답답할 때도 있었지만. 아마 엄마도 나만큼 세상을 구경할 수 있었다면 지금 나보다 훨씬 모든 것에 능통했으리라 생각하니, 감히 성질을 부릴 수가 없었다.

제4장

효도 여행의 근본, 중국

두 번째 여행, 이번엔 좀 더 잘할 수 있을까?

1초 만에 3장에서 4장으로 넘어왔지만, 실제로 엄마와 두 번째 여행을 떠나기까지는 1년이 더 걸렸다. 이번에도 여름휴가를 엄마와 같이 보내기로 했다. 엄마는 일을 관뒀지만, 여전히 바빴다. 집에는 아직도 엄마가 챙겨야 할 존재들이 너무 많았다. 아직도 양말을 뒤집어 벗어두는 대학생 아들, 엄마 없이는 밥도 못 먹는 오십 대 큰아들(남편), 거동이 불편해 엄마가 세상 전부인 할머니. 엄마 아니면 아무도 물 주지 않을 열 개도 넘는 화분들. 주부의 삶에 은퇴란 없어 보였다. 이번에도 멀리 아주 오랫동안 떠나기란 불가능했다. 여행지를 찾아보다 예전부터 혼자라도 꼭 가보고 싶던 중국 운남성이 떠올랐다. 사시사철 온화한 꽃의 도시이자 티베트 문화도 살짝 맛볼 수 있는 곳. 고도가 높아 여름에는 선선하게 느껴질 땅. 엄마도 중국에 한번 가 보고 싶다고 했었고. 모든 조건이 적당한 곳을 발견한 것 같다.

하지만 중국은 중국어가 안 되면 자유 여행하기 어렵다는 말이 많았다.
"엄마, 운남성이 엄청나게 볼 것도 많고 고성도 많아서 예쁘거든?"
"그런데?"
"근데 너무 시골이라 중국어가 안되면 여행하기 어렵대. 나도 안 가봐서 진짜인지 아닌지 모르겠어."

"우리 딸 어디까지 다녀왔는데, 요 옆에 중국을 못 갈까 봐?"

"그래도… 거긴 영어가 하나~도 안 통한대!"

"글쎄, 남들 다 잘 다녀오던데?"

"엄마 친구들은 패키지로 갔다 온 거고."

"그런가? 그래도 엄마 중국도 한번 가 보고 싶다. 우리 딸 있는데 괜찮 겠지 뭘."

엄마가 가고 싶다는데, 어쩔 도리가 없다.

지난번과 같은 실수를 하고 싶지 않았다. 숙소는 내 생각보다 조금 나은 곳이 필요했다. 중국 음식은 특히 입에 맞지 않을 가능성이 크므로 간식거리도 넉넉히 챙겨야 했다. 무엇보다 이번 여행에서는 모든 일을 혼자 해내려 아등바등하지 않을 것이다. 모든 일을 혼자 해결하려는 데서 생기는 어쩔 수 없는 짜증이 덜해진다면 엄마 역시 조금은 더 편안한 시간이 될 것 같다. 나보단 숫자에 밝은 엄마가 돈 그리고 지갑 관리를 맡기로 했다. 지난번에는 가이드라며 나만 현지 유심을 샀는데 엄마가 2주 동안 휴대전화를 마음대로 쓰지 못하는 모습도 꽤 답답해 보였다. 휴대전화와 한 몸처럼 사는 현대인에게 인터넷 없이 살기란 노소를 가릴 것 없이 잔인한 일인가 보다. 이번에는 엄마의 원활한 '여행 자랑'을 위해서 엄마 휴대전화에도 중국 유심을 넣어 줄 것이다.

그렇게 2주 동안, '운남성 제1 도시 쿤밍 – 유네스코 유산이 위치한 리장 – 티베트 문화 맛보기가 가능한 샹그릴라'에 다녀올 계획을 세웠다.

이번에는 각자 집에서 여행 준비를 했다. 한 번 여행 짐을 싸 본 경험이 있으니, 이번엔 엄마도 더 잘해오리라 믿었다.

출발 전날 엄마가 기차를 타고 내 집으로 올라왔다. 기차역에 엄마를 데리러 갔는데 멀리서 봐도 눈에 띄는 변화가 생겼다.

"엄마! 속눈썹 연장했어?"

"어떻게 알았어?"

"난 딱 보면 알지."

"미용실 언니가 소개해줬어. 이거 붙이니까 눈이 훨씬 휜~해 보이는 거 있지?"

처진 눈이 고민이지만 쌍꺼풀 수술은 겁나는 경숙 씨. 소심하게 눈을 개선하고 왔다. 내게 자랑하기 위해 낙타처럼 길고 빽빽한 눈썹을 일부러 반복적으로 깜빡이는데, 이번 여행을 향한 기대가 과장된 저 속눈썹만큼 거대해 보였다.

여행 팁 12 : 역할 나누기

"모처럼 만의 효도 관광! 부모님은 편안하게 누리십시오!"
라고 선언했기에. 여행에서의 모든 앞가림(?)은 내 몫이었다. 내일 갈 곳 정하기, 날씨 알아보기, 밥집 찾기, 길 찾기, 계산하기, 통역, 택시 잡기 등. 엄마와 함께라 괜히 돌아가는 일이 없었으면 했다.

베트남 여행에서 하루는 낯선 메뉴와 익숙하지 않은 단위의 가격표 앞에서 지폐를 잘못 내밀고 말았다. 그 순간, 장사 경력이 길어 나보다 더 셈에 능했던 엄마가 본능적으로 이상함을 감지했다. 이후로 '계산' 임무는 자연히 경숙 씨에게 넘어갔다. 지폐를 내밀고 거스름돈을 확인하여 다시 지갑에 넣기까지 역할을 톡톡히 수행하며. 우리는 조금 더 '함께 하는 여행'에서 균형에 다다를 수 있었다.

중국어를 배우자(X) 외우자(O)

　아침 일찍 인천공항으로 향했다. 엄마도 한 번 와봤다고, 공항 문을 통과하는 발걸음이 이전보다는 씩씩했다. 이번에는 중국 동방항공을 예약했다. 호불호가 갈리는 편이지만, 항상 최저가에 먼 땅에 데려가 주던 효자 같은 항공사라 내겐 친숙하다. 저렴하지만 분류상 저가 항공은 아니라 기내식도 제공하는 점이 훌륭했다. 기내식 때가 됐다. 반찬 감싼 랩을 벗기고 메인 음식 싼 은박지도 벗겼다. 아, 엄마가 덮밥에서 익숙하지 않은 향신료 냄새를 감지해버렸다. 아찔해졌다.

　'기내식은 향신료를 최소로 넣어 만드는 음식인데, 여기서부터 잘 못 먹으면……. 반찬을 좀 챙겨오기를 잘했다.'

　속으로 안도의 한숨을 쉬었다.

　나 역시 북경과 홍콩이 아닌 중국 내륙여행은 처음이라 내심 긴장이 됐다. 공항만 벗어나면 영어가 전혀 통하지 않는다는 소문이 정말일까?

　"엄마 따라 해. 이! 얼! 싼! 쓰!"

　"그게 뭔데?"

　"숫자야. 중국어 숫자 일이삼사. 이 정도는 외우고 가야지."

　"이얼… 싼…쓰."

　"그다음에 니하오는 알지?"

"그건 알지. 걔네 안녕하세요 아니야?"

"맞아. 고맙습니다는 뭐게?"

"그건 모르겠는데?"

"씨에 씨에 잖아."

"그래그래, 들어 본 것도 같다."

중국어 공부를 빙자한 만담을 하며 쿤밍까지 날아갔다.

집에서 새벽같이 출발했는데도 상하이 환승을 거쳐 쿤밍 공항에 내리니 어둑어둑했다. 미리 받아둔 비자와 여권을 공손히 내밀고 본인이 중화 인민 공화국에 전혀 악의가 없음을 만면으로 내비치자 이 공항의 딱딱한 입국 심사가 금세 끝났다. 오늘 할 일은 숙소까지 무사히 가기. 출구로 나가면 공항버스를 파는 부스가 있다고 했다. 그 부스에 가서 '쿤밍짠(쿤밍 역)'이라고 외치고 '얼(2)'을 외칠 것이다. '쿤밍짠, 쿤밍짠, 쿤밍짠'을 입으로 중얼거리며 티켓 부스를 찾았다. 그리 어렵지 않게 판매소에 다다라, 아는 두 단어의 조합으로 티켓 2장을 요구했다. 수많은 외국인의 허접한 중국어를 들어왔을 판매원은 다행히 내 의중도 곧바로 이해해냈다.

"씨에 씨에!"

총 세 단어로 일단 표 사는 데는 성공을 한 것 같다.

시내로 향하는 버스 안에서는 안내원이 끝도 없이 쿤밍에 관해 떠들었다. 오직 중국어로만 해서 문제였지만. 쿤밍의 볼거리와 장점들을 소

개하는 느낌이었다. 엄마는 내가 중국어도 대충 할 수 있는 줄 아는 것
같다.

"뭐라는 거야?"

"몰라 나도. 나 중국어 하나도 몰라."

"아까 말 잘하더니만."

"그건……. 숫자 말한 거야……."

쿤밍 역 한 정거장 앞에서 내려서 숙소까지 걸었다. 오늘 기나긴 이동
을 마치고 이제 침대에 풍덩 몸을 던질 수 있으리라. 시설은 깨끗하고, 프
런트 직원은 친절하겠지? 평이 좋던 관광호텔을 예약했으니까!

이럴 수가. 이름부터 관광호텔인 그 숙소 프런트에는 두 명의 직원이
있었으나, 둘 다 영어를 전혀 하지 못했다. 여행지에서 다짜고짜 외국어

로 요구사항을 말하는 것만큼 안하무인인 행태가 없는 걸 알지만. 그래도 여기는 관광호텔이라고 했잖아…….

　중국인처럼 생긴 모녀가 중국말은 하나도 못 하니 그쪽도 적잖이 당황한 것 같다. 이래서는 전혀 소통할 수 없겠다는 느낌이 와, 메일로 날아온 예약 내용을 내밀었다. 예약 번호와 확정되었다는 메시지를 건네받고도 두 직원이 눈만 껌벅인다.

　'본인들이 부킹 닷컴에 올려놓은 거 아니냐고…….'

　그들의 전산을 뒤져 우리 존재를 찾아내고 남은 금액을 결제하고 방을 안내받는 데까지 삼십 분이 걸렸다. 아, 운남성 자유여행 만만치는 않겠단 느낌이 왔다.

천방지축 어리둥절 빙글빙글 돌아가는 운남성 구경

운남성의 중심이자 공항이 위치한 쿤밍에 가장 먼저 도착하긴 했지만, 이런 대도시는 마지막에 구경하는 것이 진리다. 짐 걱정 없이 기념품도 사고 익숙한 환경에서 여독도 풀고 갈 수 있기에, 쿤밍은 한국으로 가기 전에 되돌아와 구경하기로 하기로 했다. 쿤밍에서 하룻밤을 묵은 뒤 곧장 리장으로 향했다. 같은 운남성이지만 쿤밍에서 리장을 가려면 불과 몇 해 전까지만 해도 8시간 이상 기차를 타야 했댔다. 다행히 얼마 전 3시간이면 두 도시를 잇는 고속철도가 개통했고, 말 못 하는 외국인이 기차역 창구에서 표를 사기는 불가능에 가깝다기에 중국 인터넷 여행사 사이트에서 기차표를 예매하고 왔다.

중국 기차역은 공항보다도 보안이 철저해 최소 출발시간 2~3시간 전에는 도착해야 한다고 했다. 특히 쿤밍역은 몇 년 전에 독립을 주장하는 테러가 일어나서 검문이 더 삼엄하댔다. 기차 출발 5분 전에만 도착해도 프리패스인 나라에서 온 우리는 도대체 기차 한 번 타는데 무슨 검사를 그리한다는 건지 실감이 나지 않았지만, 아직 중국에 적응하지 못한 처지라 이 나라의 법칙을 엄격하게 따라보기로 했다.

오전 6시에 눈을 비비며 기차역으로 향했다. 여름이라 날이 이미 훤했고 길가에는 이른 출근 중인 사람이 많았다. 중국은 아침 식사를 길에서 간단히 사 먹는 경향이 있다더니. 숙소에서 역까지 10분 정도 걷는 동안 노상의 아침 메뉴들이 계속해서 발걸음을 붙잡았다. 만두 냄새, 뜨끈한 콩물 냄새에 이성을 잃을 뻔했지만 그래도 기차역에 우선 도착하는 일이 먼저였다.

중국 기차역이 크다는 소리는 하나도 과장이 아니었다. 회색 대리석으로 멋없게 지은 건물이 무슨 정부청사처럼 거대했고, 그로 향하는 사람의 숫자는 더 놀라웠다. 봇짐, 배낭, 바퀴 달린 가방까지 제각기 뭔가를 들고 끌며 분주했다. 운남성은 중국인들도 일생에 한 번은 방문하기를 소망하는 여행지랬다. 중국인 패키지 여행자로 추측되는 현지 중장년도 많았다. 원색의 모자들로 무리를 구분 지어 뒀는데, 빨주노초파남보가 뒤섞여 혼란스럽기 그지없었다. 가이드가 소리를 질러대는 중이지만 저 집단이 언제 정렬이 될까는 가늠도 안 갔다.

우선 우리가 인터넷으로 예매한 표를 실물로 바꿔야 했다. 역시 기차역에는 중국어 표지판 뿐이었다. 갈 길 찾아 바삐 걷는 사람들 가운데 갈 곳을 잃은 우리. 조선시대 까막눈의 심정이 이랬을까 공감하며, 일단 사람들이 많은 창구로 가 무작정 줄을 섰다. 프린트해 온 E-티켓을 내밀어보았으나, 무언가 여기가 아니라고만 말하는 것 같다.

사람에 치이고 치여 이 넓은 역 앞에서 캐리어 끌고는 창구 찾기가 불가능하게 느껴졌다.

"엄마, 짐 들고 여기에 서 있어. 내가 표 바꿔올게."

"엇갈리면 어떻게 해?"

"다시 여기로 올 테니까, 여기 그대로 있어. 절대 다른 곳 가지 말고?"

제대로 된 창구를 찾으니 아까 대기했던 한 줄짜리 창구랑은 차원이 다른 규모였다. 수십 개 창구마다 수십 명이 줄을 섰다. 이십 분 넘게 줄을 서 겨우 표를 받은 뒤, 엄마에게 갔다. 어느 방향에서 딸이 찾아올 줄 몰라 불안한 눈빛으로 좌우만 두리번대는 엄마. 엄마랑 떨어진 아이의 눈빛을 하고 있었다. 지금 엄마와 아이가 뒤바뀐 처지긴 하지만.

먼저 실물 표를 보여줘야 역 안으로 들어갈 수 있는데, 여러 번 X-ray를 돌려 짐을 검사하고 하고 금속탐지기로 몸도 샅샅이 훑었다. 둘러멘 손가방까지 꼼꼼히 열어보고서야 입장이 허가되는데, 표를 얻고 역 안으로 들어오기까지 한 시간가량이 걸렸다. 기차 탑승까지의 과정이 험난한 건 사실이었지만, 그래도 '세 시간 전까지' 도착해야 할 정도까지는 아니었다.

출발 시각까지 한 시간 반이 남았다. 바깥과 달리 평온하기 그지없는 역 안 의자에 걸터앉자 배가 고파왔다. 음식점이 눈에 들어오기 시작했다. 우리도 중국 사람들처럼 아침을 사 먹어보자고 제안했다.

"엄마, 밥 먹자! 엄마는 뭐 먹을래?"

"엄마는 저기 보이는 왕만두."

"소시지도 맛있겠다."

"그럼 엄마도."

돌판 위에서 빙글빙글 돌아가는 소시지 두 개와 왕만두 두 개를 샀다. 타피오카 펄이 든 밀크티도 주문했다. 메뉴판이 뻔히 앞에 있지만 읽을 수가 없으니 손으로 그림을 가리킨 뒤 손가락을 펴 브이 자를 그리며 숫자 2를 표시하는 방식으로 주문하는 수밖엔 없었다.

결국 만두를 상상하며 주문한 음식은 호박 소가 든 찐빵에 가까웠고, 익숙한 맛을 기대했던 소시지는 향신료가 가득한 중국식 소시지였다. 타피오카 펄이 담긴 밀크티를 주문 한 줄 알았는데 삶은 팥이 한가득이었다. 하, 현지의 밀크티 추가 옵션은 조금 더 다양한 모양이었다.

익숙한 모습에 그렇지 못한 맛을 가진 메뉴로 아침을 먹고 고속철에 올랐다. 우리 뒤로는 어딘가로 여행 가는 듯한 대가족이 탔다. 할머니, 할아버지, 이모, 삼촌, 그 자녀들이 우리 칸을 반쯤 채우고 있는데, 어린이들의 노래와 춤이 끝나질 않았다. 30분이 지나도 한 시간이 지나도 멈추지 않는 중국 최신 동요 메들리에 이성을 잃고 '조용히 시켜주세요'를 번역기에 찍어 내밀어도 봤지만. 달리는 노래방은 계속됐다. 이제 나도 한 곡은 따라부르겠다 싶을 때쯤, 리장에 도착했다.

리장 역 출입문 근처에는 '빵차'라는 독특한 교통수단이 있댔다. 인당 10위안만 내면 목적지까지 데려다주는 훌륭한 승합차 합승 택시를 놓칠 수는 없다. 누가 봐도 관광객 같았는지 빵차 아저씨가 우리를 보자마자 먼저 '리장 고성'을 외쳤다.
'고맙습니다. 말 걸어 주셔서…!'
속마음과 달리 태연한 척 '하오하오'를 외치며 승합차에 올라탔다. 유네스코 세계 문화유산에 등재될 만큼 아름답다는 리장 고성. 오래되고 규모가 넓은 만큼 고성 내부에도 호텔이 많았다. 초행길이라면 지도를 봐도 헤맬 만큼 고성 내부 길이 복잡하다고 했다. 북킹닷컴의 '숙소 찾아오는 길'은 '고성 남문 앞에서 숙소로 연락하라'는 문장으로 끝나있었다. 이번에는 숙소까지 가는 길에 당황하지 않으려고 한국에서부터 위챗을 다운받아왔다.

'지금쯤 위챗으로 전화를 걸어볼까?'

리장 고성이 가까워져 오는데, 숙소에서 위챗 전화를 받지 않았다. 인터넷 전용 유심이라 일반 전화는 걸 수가 없었다. 이 짐을 끌고 또 울퉁불퉁한 돌바닥을 헤맬까 봐 초조해졌다.

'숙소로 직접 전화 걸고 싶은데……'

옆에 앉은 젊은이에게 용기 내어 말을 걸었다. 감동적이게도 딱 나만큼 영어를 한다. 청년이 제 휴대전화로 대번에 숙소에 전화를 걸었다. 숙소에서 데리러 갈 테니 지금 당신들이 어디냐고 묻는 것 같은데, 청년도 초행길인지 설명이 막히고 말았다. 기사 아저씨가 본인에게 수화기를 넘기라고 야단이다. 우리가 앉은 맨 뒷자리에서부터 승객의 손과 손을 거쳐 기사 아저씨에게까지 휴대전화가 넘어갔다. 알 수 없는 커다란 말들로 기사 아저씨가 숙소 주인과 현 위치 정보를 교환했다. 아마 중국말을 못 알아듣는 우리 빼고는 이 차 안 모든 사람이 대화 내용을 파악했을 볼륨이었다. 승합차에서 내릴 때 봇짐 안고 가는 아주머니와 할머니도, 도와준 청년도 같은 표정으로 우리에게 인사를 건넸다. 엄마와 나는 큰 소리로 '씨에 씨에'를 외쳤고 나는 하나 더 아는 '짜이 찌엔'까지 덧붙였다.

무척 친절한 숙소 주인에게서 리장에 관한 브리핑을 들었다. 오늘은 발 닫는 대로 미로 같은 고성 안을 탐험하고, 점심을 먹고 커피도 사 마실 것이다. 아직 중국에 대해 잘 모르겠다. 중국에 관해서도 중국인에 대해 서도 중국말에 대해서도 잘 모른 채, 리장까지 얼렁뚱땅 굴러왔지만. 짧은 시간 중국에 관해 겨우 알아낸 두 가지는 중국이 진짜 크다는 점 그리고 중국 사람들은 몹시 무뚝뚝해 보이지만 막상 말을 걸면 친절하다는 점 정도였다.

여행 팁 13 : 이동은 이렇게

여행 에세이와 예능 프로그램에서는 아름다운 장면만이 등장하기에, 여행하면 목적지를 '구경'하는 일만 떠올리기 쉽다. 사실 그 목적지까지 닿는 '이동'도 현실 여행의 일부였다. 이동이 힘들면 겨우 도착한 관광지에서도 만사가 귀찮다. 몸의 피로는 심리적 여유를 갉아먹기에, 현실의 여행은 '이동을 얼마나 스무스하게 해 내느냐'에 그 성패가 달려있었다. 그래서 조금 더 값을 주더라도 시내 중심의 숙소를 예약하는 것이 마음 편하다. 교통수단으로 인한 스트레스가 준다면 자유여행의 질은 수직 상승하니까.

마음은 모두가 청춘이지만, 부모님의 관절은 예전과 같지 않아 젊은 마음과 달리 쉽게 지쳤다. 분명 다양한 체험이 좋다며 현지 버스와 지하철도 즐거워하실 테지만, 힘들어하는 기색이 느껴진다면 재빨리 택시를 타는 것이 모두에게 이롭다. 먼 이동이 예정된 날에는 도착 이후 특별한 일정을 잡지 않는 것이 좋다. 장거리 이동은 그 자체로 몹시 지치는 일이니까 말이다.

여행신이 보우하사 스마트폰 만세

여름에 떠났는데 가을로 도착했다. 사시사철 기온 변화가 적은 운남성은 여름엔 선선하고 겨울엔 따듯하댔다. 쌀쌀한 날씨에 정신이 번쩍 들었다. 숙소에서 거리로 나서기 전, 기온이 감 잡히지 않아 몇 번이나 옷을 갈아입어야 했다. 8월이지만 여름옷은 무리겠다 싶어 긴 팔 셔츠를 걸치고 나갔다가 그마저 아니라 다시 방으로 돌아왔다. 추위를 더 타는 엄마는 치마 밑에 스타킹을 신고 나는 긴 팔 위에 청재킷까지 걸치고서야 그럭저럭 이곳에 적당한 옷차림이 되었다.

세계 문화유산이라는 고성은 두 여심을 사로잡기에 충분했다. 잘 관리된 전통 가옥과 성안을 관통하는 수로는 운치 넘쳤고, 말린 고기와 차와 이상한 과일같이 저잣거리에 널린 물건 구경도 재미있었다.

'그래, 이 풍경이야!'

폭이 50cm쯤 되는 운하가 고성 곳곳을 연결하고 있었다. 종종 그 운하 위로는 버드나무가 드리워졌고 그 아래로 물레방아 돌아가기도 했다. '고즈넉한 분위기의 정석'을 연출하고자 다소 작위적이기까지 한 이 탄탄한 풍경이, 어쩐지 고성과는 잘 어울렸다. 큰 거리에는 관광객이 가득했지만, 뒷골목은 다른 세계같이 한산했다. 오늘 꼭 해야 할 일이 없

었으므로 우리는 크고 작은 골목을 내키는 대로 오가기로 했다. 커피는 리장 고성 전체를 조망할 수 있다는 카페에서 마시기로 했다. 언덕을 조금씩 오르니 '전망 좋음'을 광고하는 카페가 줄지었기에, 그 중 가장 사람이 많은 곳으로 들어갔다.

　아직 해가 중천인데 중년 가수 하나가 통기타를 튕기며 라이브 공연 중이었다. 앉으면 먼지가 풀풀 올라올 듯한 패브릭 소파를 마주 보게 배치했고 곳곳에 원색의 요란한 조명도 밝혔다. 테라스에는 온갖 색의 중국 전통 우산을 주렁주렁 매달아 뒀다. 나름 꾸며둔 포토존인 듯했다. 관광객의 발길을 사로잡기 위해 '좋아 보이는 것'은 다 갖다 붙여놓은 느낌이랄까. 그럼에도 고성 전체를 조망할 수 있는 높이에 위치해, 전망만큼은 인정할 만했다. 뭔가 난잡하면서도 웅장한 면도 있는 게, 중국과 닮

은 카페였다.

 뷰 값을 제대로 받으려는지 커피 한 잔에 만원이 넘어 놀랐다. 어쩐지 현지인은 아무도 없고 전부 관광객 같더라니. 오후와 별로 어울리지 않는 포크 송 메들리가 이어져 노래보다는 풍경에 집중해야겠다고 생각했다. 테라스에 앉아 아래를 내려다보니 검붉은 기와지붕이 빽빽하게 시야를 채웠다. 가옥마다 'ㅁ자'로 배치된 점이 독특했다. 지붕 사이사이로 나무가 간간이 솟았는데, 그 나무가 브로콜리만큼 작게 보이는 높이였다. 아까 걸었던 사람 많던 길도 가느다랗게 보였다. 방문객의 소원을 담아 난간에 매달린 나무 조각들이 바람에 흔들려 듣기 편한 낮은음을 냈다.

 전망이 멋져서, 수십 개의 작은 나무 조각이 부딪히는 소리가 부드러

워서, 너무 오랜만에 휴가를 나와서, 이 카페에서 엄마와 마주 보며 여유롭게 커피 홀짝일 수 있어서. 이 모든 기분이 더해져 눈물이 찔끔 날 뻔했다.

감상은 이쯤하고 실리도 찾아야겠지. 다음 1년 치 엄마 '카톡 프로필 사진'을 건지기 위해 몸을 일으켰다. 전주 한옥마을보다 훨씬 웅장한 리장 고성에서, 나는 카메라로 엄마를 담고 엄마는 딸을 휴대전화로 담았다. 진작 다 먹은 커피잔을 들고 분위기를 잡다가, 테라스로 자리를 옮겼다. 우리처럼 이곳에 놀러 온 듯한 중국 여대생 세 명이 먼저 열심히 사진을 찍는 중이었다. 셋은 서로를 열심히 찍어주는 중이었지만 같이 찍은 사진이 없을 것 같았다. 이런 귀여운 장면 앞에선 괜히 나서고 싶어진다.

"세 명 사진 찍어 드릴까요?"

"진짜요? 고마워요!"

처음 보는 이상한 사람이 먼저 건넨 제안에 세 여학생의 눈이 똥그래졌다. 그 발랄한 소녀들이 귀여워서 할 수 있는 한 열심히 다양한 구도로 사진을 찍어줬다. 중국은 너무 커서, 그 소녀들 역시 리장에 언제 다시 올 수 있을지 모르니까 말이다. 소녀들도 엄마와 나를 한 컷에 담아 정성껏 찍어줬다. 아, 상부상조란 이런 순간을 말하는 게 아닐까.

훈훈하고 폭풍 같던 사진 촬영을 마치고 서로 감사 인사를 건넨 뒤, 소녀들은 떠났다. 우리는 이곳에서 일몰을 구경하고 숙소로 내려가려 했다.

"엄마, 나 폰이 없어."

"뭐? 아까 그걸로 사진 찍었잖아?"

"그러니까!"

나가려고 짐을 챙기니 스마트폰이 없다. 이번 중국 여행, 스마트폰 없인 끝이다. 말 한마디 못 하니 번역기가 늘 필요하고 길을 모르니 구글맵은 더 절실했다. 미리 찾아온 정보들도 오직 그 스마트폰 속에만 남아있는데……. 사실 나보다 이번 여행에서 더 중요한 가이드는 '스마트폰'이었다. 이 낡은 패브릭 소파 틈으로 쑥 빠진 건 아닐까? 소파 틈과 바닥을 뒤졌다. 테라스에서 흘린 건 아니겠지? 다시 뛰어나가, 놓아뒀을 법한 장소를 다 뒤져봤다. 짧은 시간 많은 생각이 들었다.

'정신 팔린 사이 누가 들고 간 건가? 스마트폰이 없으면 당장 어떻게 하지? 이제 여행 이틀 찬데? 전자 상가라도 가서 얼른 하나 사야 하나?'

엄마와 내가 부산을 떠니, 서너 명쯤 되는 카페 직원들이 다가왔다. CCTV까지 돌려 보려는 찰나, 누군가가 헐레벌떡 가게로 뛰어 들어왔다. 아까 서로 사진을 찍어준 여대생 세 명이었다. 이 높은 언덕을 얼마나 급하게 뛰어왔는지 혀를 내밀고 가쁜 숨을 내쉰다.

"정말 미안해요. 친구 스마트폰이랑 같은 기종이라 친구 것인 줄 알고 챙겼어요."

"정말요? 괜찮아요. 다시 돌아와 줬으니 됐어요. 정말 정말 고마워요."

"미안해요, 엇갈리지 않아 다행이에요."

이름도, 성도 모르는 사이. 혹시 우리가 가게를 떠났을까 봐, 엇갈리면 다시 만날 수 없을까 봐. 그 경사를 뛰듯 올라온 그녀들에게 감사했다. 정신 좀 차리고 다니라고 여행 신이 내게 주의를 준 시간 같았다.

이때 스마트폰을 잃어버렸다면……. 아마 그날 숙소 찾아가는 길부터 만만치 않았을 것이다. 나는 엄청난 길치고 엄마는 숙소 이름조차 모르니까. 이번 여행 액땜을 따끔하게 했다고 여기기로 했다. 이 사건 때문에 중국 여행에서 스마트폰의 절실함이 와 닿았다.

'여행 신이 보우하사 스마트폰 만세…!'를 속으로 외치며, 스마트폰 속 지도를 보며 숙소로 향했다.

근본이냐 김밥천국이냐

리장에서 첫 점심으로는 '트립 어드바이저' 상위에 소개된 음식점을 갔다. 이 지역의 전통음식을 파는데, 외국인에게도 중국인에게도 평이 좋았다. 외국인이 우리나라에서 불고기나 비빔밥을 꼭 맛보는 것처럼 우리도 이곳 향토 음식에 도전하기로 했다. 전통 문양으로 벽을 조각하고 테이블마다 소수민족의 패턴으로 테이블보를 깔아둔 이곳은 전통 음식점다운 분위기가 물씬 풍겼다.

후기에서 이 식당은 민물 생선 요리가 유명하다고 했다. 생선을 바싹하게 튀겨 매콤한 소스에 조려내는 음식이라니. 맛없을 수가 없겠다. 야크 고기 볶음도 소고기 볶음이라 엄마를 안심시키고 한 접시 시켰다. 엄마는 역시 '낮-맥' 한 병을 추가했다. 주문 즉시 주방에서 칼질 소리, 튀기는 소리, 볶는 소리가 들렸다. 요리 소리마저 이토록 화려하다니, 기대치가 최고를 찍었다. 맥주를 반 잔쯤 홀짝이자 요리가 나왔다.

향신료로 민물 생선의 흙내를 잡은 튀김 요리가 나왔다. 넉넉한 흰 살과 자극적인 향신료가 적당히 어울려 내게는 극-호감인 요리였다. 흰 밥한 숟갈에 생선 살 한 조각을 얹고 양념을 푹 찍어 먹으면 한 입이 고소함으로 꽉 찼다. 엄마가 문제였다. 그 향을 맡자마자, 엄마는 싫다는 강

력한 거부 의사를 내비쳤다. 다음으로 나온 야크고기 볶음의 누린내가 차라리 낫댔다. 익숙지 않은 향신료란 그 정도로 어른들에게 넘기 힘든 산인 듯했다.

"생선 이거 별로야?"

"향이 좀……."

"못 먹겠어?"

"응."

저녁은 엄마가 잘 먹을 수 있는 음식이 눈에 띄면, 그냥 아무 가게나 들어가야겠다고 다짐했다.

그 이후 문제의 '스마트폰 소동'을 겪고 후들거리는 몸과 마음으로 언덕을 내려갔다. 숙소로 가는 길에 관광객 거리에서 약간 떨어진 곳에서 불

밝힌 만둣가게가 보였다. 스마트폰 때문에 한바탕 진을 뺀 다음이라 배가 고팠고 익숙한 만두 그림에 홀린 듯이 가게로 들어갔다.

점심 먹으러 갔던 '관광객 식당'과 비교되는 내부였다. 테이블은 다섯 개가 전부였는데, 그마저도 하나는 주인 전용 책상으로 쓰이는 중이었다. 벽의 아랫부분은 상아색 타일로 윗부분은 흰색 페인트로 간단하게 마감되어, 식당보다는 목욕탕이나 실험실 같은 분위기가 났다. 우리 말고는 아무도 없는 식당에 들어와 앉아버렸기에 낮은 목소리로 엄마에게 대화를 걸었다.

"우리 너무 아무 곳에 들어온 거 아니야?"

"그러게. 왜 저녁 시간인데 아무도 없어?"

"여기 뭐 이상한 만두 파는 데 아니야?"

"그런가?"

"나갈까?"

"아줌마가 저렇게 빤히 보는데 어떻게 나가. 그냥 오늘만 대충 먹어."

귓속말로 대책 회의도 했지만, 소용이 없었다. 우리가 메뉴 결정을 내리기만을 가게 주인 엄마와 딸이 빤히 쳐다보고 있다. 이 고요한 분위기가 적응되지 않았지만, 제발 평범한 만두이기를 바라며 메뉴판을 봤다.

"오……."

한숨밖에 나오지 않는다. 흰 종이 위 빽빽한 이 붉은 글씨는 우리에게 무용지물이니까. 다행히 벽에 만두 요리 그림이 붙어있기에 그 그림

을 손가락으로 가리키며 주문을 마쳤다. 주문과 동시에 주방 창 너머로 아저씨가 만두를 빚기 시작했고 몇 분 되지 않아 한꺼번에 구운 만두와 찐 만두 그리고 만둣국이 나왔다. 쌀쌀한 날씨에 만둣국 국물부터 한 숟 갈 떴다.

"와……. 어쩜 이래. 완전 입에 맞아."

"그러게! 군만두도 먹어봐. 딱이야 딱."

"아……. 허무하다. 겨우 만두가 이렇게 맛있다니."

주문한 세 가지 만두 모두 토종 한국인 경숙 씨 입맛에 딱 맞아버렸다. 솔직히 내 입에도 낮에 먹은 민물 생선튀김, 야크 볶음보다 이게 더 나았다. 김밥천국처럼 생긴 만둣집이 이토록 이견 없이 맛날 줄이야.

　바로 다음 날에도 아침 겸 점심으로 다른 만두 가게에 갔다. 스트레스 없이 하루를 시작하기 위한 엄마의 빠른 결단이었다. 어제처럼 만두 그림이 벽에 가득했다. 완탕 수프를 한 그릇씩 시키고 구운 만두도 시켰다. 잔뜩 허기졌던 어제보다는 덜 감동적이었지만, 엄마 입에 거슬리는 향이 없기에 오늘도 한 그릇을 뚝딱 비우고 길을 나설 수 있었다.

　다음에 도전한 운남성 최고 맛집의 야크 훠궈보다도 엄마는 김밥천국처럼 생긴 식당의 마파두부와 어향가지가 더 맛있댔다. 분명 중국 음식이 엄마 입에 맞지 않을 거란 예상은 했다. 여행 2회차인 경숙은 조금 더 좋고 싫음이 분명했다. 가끔은 딸을 배려하려 괜찮은 척하기도 했지만, 그녀의 미간이 대번에 진실을 말해줬다. 도저히 입도 대기 싫으면 괜히 맥주만 들이켜는 게, 참 매사에 솔직한 경숙 씨답다. 그래도 스마트폰과 만두 가게만 있다면, 이번 중국 여행을 잘 해낼 수 있을 것 같아 조금은 안심이 됐다.

여행 팁 14 : 일정은 이렇게

"죽기 전에 다시 못 올 수도 있는데 다 보고 가야지!"
라고 주장하시지만, 마음과 달리 내가 자란 만큼 부모님도 나이가 들어버렸다. 혼자 떠나는 여행보다, 또래와의 여행보다 무조건 일단 여유롭게 계획하는 편이 이로웠다. 내 눈치를 보느라 힘들다고도 말 못 한 엄마가 호텔에서 끙끙 앓는 소리를 듣자니, 이보다 더 죄인된 기분일 수가 없었다. 이제까지 고생하신 부모님과 한번 같이 재미있게 놀아보려 나온 여행길인데, 또다시 여행이 고행이 되게 할 수는 없다. '뽕을 뽑겠다'는 한국적 마인드는 잠시 넣어둬야 했다.

'메인 구경거리 하나 + 맛집 하나 + 휴식 또는 체험 하나 + 저녁' 정도로 하루를 구성하고 때에 따라 카페, 마사지, 맥주 한 잔을 적재적소에 더하면 적당한 하루 일정이 될 것 같다. 시간이 애매하게 빌 때는 카페가 유용했다. 요즘 세상 어디를 가도 카페가 많아 다행이다. 의외로 부모님도 바깥보다 시원하거나 따뜻하며 예쁜 카페에 앉아 음료 마시는 시간을 좋아했다.

호랑이가 뛰어넘는 계곡, 지팡이로 얻어맞을 뻔하다

일상에서 트레킹을 즐기진 않았지만, 여행하며 '왜 사람들이 트레킹을 좋아하는가?' 정도는 느껴본 적이 있다. 에티오피아를 여행하던 때 '에르타알레 활화산'을 보러 갔었다. 끓는 마그마를 보기 위해서는 우선 화산 정상에 올라야 했다. 살아있는 화산 위는 습식 사우나같이 덥고 눅눅했다. 걸을수록 발이 진흙에 푹푹 빠졌고 지열로 인해 온몸이 익는 듯했다. 이미 등반을 시작한 뒤에는 돌아갈 방법이 없었다. 홀로 열외가 된다면 산적의 표적이 될 수 있대서 죽기 아니면 살기로 움직여야 했다. 내 몸이 내 몸이 아닌 것처럼 느껴질 때쯤에 정상에 도착했고, 활화산을 봤다. 지면에서 부글거리는 태양 같은 열기를 마주했을 때, '이래서 사람들이 산에 오르는구나' 최초로 조금은 이해할 수 있었다. 이 길을 선택한 나에 대한 원망은 삽시간에 녹았고 희열만이 차올랐다. 그 후로는 걸어야만 하는 상황이 온다면 굳이 마다하진 않게 되었다. 고생 끝에 마주해야 폭발적으로 와닿는 경험을 해봤기 때문이다. 운남성에도 세계적으로도 손꼽히는 트레킹 코스가 있댔다. 호랑이만 도약할 수 있는 큰 협곡, 호도협이다. 이름도 멋진 이곳에서 엄마에게도 내가 겪은 감정을 느끼게 해주고 싶었다.

우리가 간 8월은 운남성의 우기였다. 리장에 머무를 때도 종종 스콜처럼 세찬 비가 쏟아졌지만 문제가 되진 않았다. 우산을 쓰거나 너무 빗줄기가 굵어지면 잠시 가게를 구경하면 됐다. 그렇지만 비 오는 산은 좀 이야기가 다를 것 같았다. 일기 예보를 보니 내일부터 5일간 주야장천 비가 온다는데……. 엄마와 호도협을 걷고 싶지만, 우기에 굳이 산 타는 일이 맞는 선택일까. 가기 전날까지 고민이 됐다.

　슬픈 예보는 틀리질 않았고, 호도협으로 떠나는 날 아침부터 부슬부슬 비가 내렸다. 머무르는 동안 살뜰히 우리를 챙겨주던 숙소 주인이 한껏 우려를 내비쳤다.
　"진짜 이 날씨에 호도협에 가?"
　"왜? 안될 것 같아? 너 같으면 어쩔 거야?"
　"당연히 안가지. 오늘같이 비가 내리는데 어떻게 산에 간단 말이야!"
　현지인의 판단조차 그런 듯했지만, 우리 여행 일정은 그리 유동적이지 못했다. 샹그릴라에서 쿤밍으로 돌아가는 비행기를 미리 사 뒀기에 비가 그치길 마냥 기다릴 수는 없었다. 맑은 사막은 강렬한 햇빛 때문에 아름다웠고, 비 오는 사막은 바닥이 유리알 같아 멋졌다. 날씨가 어떻든 즐기며 여행하면 된다고 생각해왔지만, 산행은 잘 모르겠다. 날씨 따라 영향받는 정도를 넘어서 어쩌면 위험할지도 모르는 분야니까.

　버스를 타고 호도협 입구까지 가는 동안에도 확신이 들지 않았다.
　"엄마 호도협에 내렸을 때 비가 그치면 산 타고, 아니면 바로 샹그릴라로 가는 게 어때?"

"그래. 마냥 미루는 것보다는 일
단 가 보는 게 나을 것 같아."

3시간 정도 관광객이 가득한 미
니버스를 타고 꼬불꼬불한 산길을
달리다 잠시 계곡 아래에서 멈춰
섰다. 20분 정도 호도협 계곡을 구
경하고 오랬다. 요 며칠 비가 계속
내렸는지, 데크 바로 옆까지 계곡
물이 꽉 차 아슬아슬한 상태였다.
불어난 물은 바닥을 헤집으며 초
코우유같은 빛깔로 변해 귀가 찢
어질 듯한 소리를 내며 세차게 흘

러갔다. 우산을 써도 몸이 젖어 들었다. 쏟아지는 비와 매섭게 튀는 계곡
물 중에서 어느 장단에 옷이 젖는지도 알 수 없을 지경이었다. '호랑이만
뛰어넘을 수 있다는 계곡'의 위엄이 온몸으로 느껴졌다.

여기서 기다렸다가 다음 차를 타고 샹그릴라로 곧장 가느냐, 1박 2일
동안 산길을 걸어 볼 것이냐. 결정의 순간이 왔다. 같은 버스에서 만난 한
국인들이 그래도 도전한단 말에 엄마가 용기를 냈다.
"우리도 그냥 온 김에 가 보자."
"진짜? 비가 이렇게 오는데?"

"다들 간다잖아. 죽지는 않겠지! 우리가 언제 또 와보겠어."

"후회하지 마?"

트레킹 코스가 시작되는 산길 입구까지 버스에서 우연히 만난 한국인들과 함께 택시를 탔다. 레지던트 과정 중 짬을 내 여행 온 20대 여자와 짧은 휴가로 운남성에 온 30대 여자 직장인이었다. 우리보다 더 빠듯한 일정으로 온 그녀들은 우리보다 훨씬 더 적극적이었다. 산길 따라 28번 굽은 '28밴드'를 어떤 일이 있어도 오늘 걸어내겠다는 각오였다.

순간의 선택이 1박 2일을 좌우했다. 타인의 패기에 고취되어 얼떨결에 결정했지만, 그 결과는 온전히 각자의 몫이었다. 빗물로 젖어 질퍽한 산길, 세차게 흩뿌리는 비 때문에 뿌연 시야, 가파른 오르막. 그냥 걷기조차 쉽지 않은 환경이었다. 산속이라 스마트폰도 먹통이었다. 지도 어플을 켜도 어디쯤 왔는지 알 수가 없었다. 마치 에르타알레를 걸을 때처럼, 돌아갈 수도 없어 걷고 또 걸었다. 비는 점점 거세져 눈을 뜨기 위해선 덮어 쓴 우비 모자를 점점 더 앞으로 당겨야 했다. 엄마 체력이 급격히 떨어지는 것 같았다.

"얘! 도대체 휴가에 여기를 왜 오자고 한 거야!"

"나는 여기가 진짜 멋지대서……. 엄마 내 친구 광우 알지? 그 중국 유학 갔다 온 애 있잖아. 광우도 여기 완전완전 추천했다고. 걘 겨울에 왔지만……."

"광우 그 자식 정신 나간 것 아니야? 어떻게 부모랑 가는데 이런 난코

스를 추천할 수가 있어?"

"광우가 왔을 때는 건기라 걸을 만했을 거야……."

"야 엄마 죽겠다 죽겠어."

내가 오자고 주장했기에 내색하지는 못했지만, 나도 딱 죽겠다 싶었다. 날은 조금씩 어두워지는데 아직도 산길 한가운데였다. 끝이 어딘지 알 수 없는 영겁의 산길. 산에서 죽을 수는 없다는 일념으로 억지로 다리를 움직였다.

28밴드를 어떻게 걸어 냈는지는 기억이 없고, 야속하게 쏟아지던 비와 죽겠다며 휘두르던 엄마의 나무 지팡이만 기억이 난다. 온몸이 다 젖은 채로 탈진하기 직전에야 산장에 도착했다. 발가락은 목욕한 뒤처럼 퉁퉁 불어 있었다. 산장에서 미지근한 물로 샤워를 하고 침대에 털썩 누웠다.

목조 건물인 산장의 모든 것 역시 축축했다. 눅눅한 침대를 예상하지 못했을 엄마에게서 또 한 번 원망의 눈초리가 날아왔다.

'왜 내가 여길 오자고 해서…….'

그날은 더 이상 어떤 대화도 나누지 못하고 쓰러지듯 잠이 들었다.

다음 날 아침. 간밤에 지겹게 지붕을 두들기던 빗소리에 잠을 설치고 일찍 눈을 떴다. 비가 드디어 좀 그쳤는지 빗소리가 들리지 않았다. 대충 겉옷을 걸치고 밖으로 나갔다.

"엄마! 엄마엄마! 나와봐!"

"왜? 엄마 추워. 못 나가."

"한 번만 나와봐. 응?"

"잠도 덜 깼는데 왜 이래?"

"한 번만! 한 번만!"

가디건을 어깨에 대충 걸친 엄마가 투덜대며 문을 밀고 나왔다.

세차게 내린 비로 먼지 한 톨 없이 씻겨 내려간 산속 공기가 신선하다 못해 경건했다. 새파란 나뭇잎 위 맺힌 물방울이 떠오르는 태양 빛을 받아 흩뿌려진 큐빅처럼 반짝이고 있었다. 산장을 병풍처럼 감싸 안은 산세가 멋들어졌다. 우리가 어제 저 멋진 산을 탔다는 사실이 믿기지 않았다. 이 고생 끝에 마주한 풍경을 조금 더 즐기고 싶어 엄마를 옥상에 두고 식당으로 달려갔다. 따끈한 모닝 커피를 사 와서 엄마에게 건넸다.

"오늘 보니 멋지긴 하네,"

"그렇지? 광우가 괜히 추천한 게 아니라니까."

어제 잔뜩 쪼그라든 어깨를 이제야 조금 으쓱댈 수 있었다.

닭죽으로 아침을 먹고 다시 길을 나섰다. 땅이 다소 질어도 비만 안 오니 걸을 만했다. 거슬리는 우비와 우산 없이 걷는 길. 어제보다 훨씬 가뿐했다. 오늘도 반나절은 걸어야 할 테지만, 날씨도 좋고 평지가 많은 길이라 힘들지가 않다. 작은 폭포가 나오기에 점프로 신나게 뛰어넘었고 염소 새끼들이 보여 그 깜찍함에 또 힘이 났다. 길 옆으로 야생 민트 나무가 군데군데 피어있었다. 엄마에게 민트 잎을 하나 짓이겨 코끝에 묻혀주기도 했다.

"어제 네 친구 광우한테 욕했던 것 미안.

광우 다음에 만나면 아줌마가 밥 사준다고 그래."

"어제는~ 나~ 지팡이로 때려죽일 기세더니?"

"그래도~ 너무 좋다! 이 맛에 사람들이 등산 하나 봐!"

"그런가 봐!"

어제와는 너무 다른 반응이었다. 어제 지옥을 맛봤기에 오늘이 더 감사한 천국처럼 느껴졌다. 만약 어제 비가 안 왔다면 이틀 내내 이런 기분으로 호도협을 걸을 수 있었을 텐데. 아니다. 어쩌면 어제 그 고생해서 오늘이 시간이 소중한 중일지도 모르겠다.

엄마 어디 아파?

호도협 산행을 마치고 중국 여행의 마지막 목적지인 '샹그릴라'로 갔다. 사실 이 지역의 원래 이름은 중뎬이었지만, 중국 정부가 제임스 힐턴의 소설 〈잃어버린 지평선〉 속 이상향이 바로 여기라며 공식 명칭을 샹거리라(香格里拉)라고 바꿨댔다. 참으로 중국스러운 의사 결정력과 추진력이라는 느낌이 들었지만, 그래도 마냥 근거 없는 소리는 아니지 않을까 조금 기대도 됐다.

쿤밍-리장-샹그릴라로 이동하는 동안, 점차 해발고도가 높아졌다. 운남성 여행의 관문 도시인 쿤밍조차 평균 해발고도가 1890m로 적잖게 높은 편이고, 샹그릴라는 무려 3380m에 달한댔다. 한라산의 해발고도가 1950m라는 점을 고려하면, 운남성은 우리가 겪어보기 않은 고지대가 맞았다. 이 때문에 운남성 여행은 특별한 주의가 필요했다. 쿤밍부터 천천히 고도를 높여 고산 지대에 적응하는 것이 좋고, 컨디션 좋다고 해서 절대 무리해서도 안 된댔다. 남미의 고지대를 여행할 때 숨이 쉬어지지 않거나 갑자기 눈이 보이지 않는 이상 증상을 경험했었다. 이번 여행은 지난 경험과 달리 정석적으로 고도를 올리는 중이라 괜찮을 것이라 믿었는데.

호도협 트레킹을 마친 날, 차를 타고 샹그릴라에 도착하니 저녁이 되었다. 우선 짐을 숙소에 놓고 식사를 위해 길을 나섰다. 5분이나 신나게 걸었을까, 갑자기 고산병 증세가 느껴졌다. 속이 메스껍고 몸살 걸린 때처럼 몸에 힘이 빠졌다. 도착했을 때 별다른 증세가 없어 조심하지 않은 게 화근이었다. 해발 삼천 미터가 넘는 이 지역에서는 한 발과 다른 한 발이 스쳐지는 게 느껴질 정도로 천천히 걸어야 했다.

'호도협-샹그릴라' 코스를 한국인이 많이 찾기에 이곳 샹그릴라 고성 안엔 한식당이 있다고 했다. 호도협 트레킹을 마친 기념으로 오늘 저녁은 한식을 먹기로 했었다. 뜨끈한 국물 요리도 먹고 찰진 쌀로 지은 비빔밥도 한 솥 비벼 먹으면 기운이 솟을 것 같았다. 고산병 증세로 숨이 턱턱 차는 몸을 이끌고 지도에 표시된 한식당으로 갔다. 어째 한참도 전에 폐업한 분위기다. 다시 다른 지도를 검색해 한식당이 옮겨갔다는 장소로 가 봤다. 왜 힘든 일은 연달아 일어나는 걸까. 두 번째 시도도 허탕이었다.

'오늘은 한식 먹고 싶은데…….'

해가 완전히 저무니 날씨는 초겨울처럼 추워졌고 헤매고 헤매다 그냥 아무 밥집이나 들어가려 하던 찰나, 운명의 장난처럼 골목 끝에서 한글 간판이 보였다.

한식과 화덕피자를 함께 파는 이상한 한식당이었다. 야크 치즈를 올린 피자와 돌솥비빔밥을 주문했다. 이국에서 먹는 한식은 특별할 것 없지만 언제나 위로가 됐고 야크 치즈로 만든 마르게리따 피자도 입에 잘 맞았다. 사장님에게 오는 길에 겪은 증상을 털어놓았다.

"몸에 힘도 없고요, 숨도 가빴어요. 숙소에서 여기까지 오는데 죽는 줄 알았어요."

"고산 오셨네. 하루 이틀은 푹 쉬셔요. 그래도 안 되시면 여기 약국 가면 고산병약 팔거든요? 빨간 곽에 든 게 좋아요. 그거 사드세요."

덜덜 떨며 거리를 헤맨 그 날은 8월이지만 숙소의 전기장판을 최대치로 틀고 온몸이 흩어지듯 잠을 잤다.

다음 날, 엄마와 나 자신에게 단단히 경고를 하고 숙소를 나섰다.

"엄마 여기는 한라산 정상보다 훨씬 높은 고산 지대야. 한 다리가 한 다리를 스치는 게 느껴질 정도로 천천히 걸어야 해."

샹그릴라는 중국 정부에 허가를 받고 가이드도 동반해야 구경 가능한 '진짜 티베트 지역'과 달리 특별한 절차 없이도 티베트 문화를 엿볼 수 있어 인기가 많다. 운남성 최북단이자 티베트 자치구 바로 아래 위치해 인구의 절반 정도는 티베트족이랬다. 간판도 티베트 문자와 간체자가 혼용되어 쓰이고 티베트 음식을 파는 식당도 많아 이 고성에는 티베트 문화의 향기가 가득했다. 티베트 불교에서는 불교 경전이 적힌 원통 '마니차'를 한 바퀴 돌리면 경전을 한 번 읽은 것과 똑같이 인정해 준댔다. 글을 모르는 이라도 부처님의 가르침에 가까이 갈 수 있도록 독려해주는 이 규칙이 참 사랑스럽게 느껴졌다. 티베트 사찰이 있는 지역을 여행

한다면 나도 그 쉽고 사랑스러운 낭독을 꼭 해보고 싶다고 생각해왔다.

오늘은 가장 먼저 고성 내부의 '대불사'에 가 보기로 했다. 티베트 불교 사찰이라면 어디에나 마니차가 있지만, 이곳은 샹그릴라라는 명성에 걸 맞게 초대형 황금 마니차가 있댔다. 과연 그 거대한 황금 마니차는 멀리 서부터 눈에 띄었다. 평소라면 한숨에 올랐을 언덕 위의 사찰까지, 돌계 단을 스무 발에 한 번씩 쉬어가며 올랐다.

성인 스무 명은 감싸 안아야 할 둘레의 황금 마니차는 최고의 명당자리 에 설치되어 있었다. 그 앞에 서자 고성 전체가 눈에 담겼다. 기와로 지붕 을 올렸던 리장 고성과는 달리, 조금 더 척박한 이 지역에서는 나무껍질 을 엮어 지붕을 덮었다. 종종 날아가 버린 지붕도 눈에 들어왔다. 유네스 코 세계 문화유산이라고 빈틈없이 갈고 닦던 리장 고성보다는 더 인간적

인 느낌이 나는 동네였다. 여기까지 올라왔으니 우리도 경전을 한 번 읽고 가야겠다. 작은 건물만 한 황금 마니차의 손잡이를 잡고 엄마와 내가 나란히 서서 걸었다. 손바닥의 힘이면 돌릴 수 있는 보통 마니차와 달리, 대불사의 마니차는 한 바퀴 돌리는 데도 수십 발자국을 걸어야 해서 더 많은 소원을 빌 수 있었다. 엄마의 소원이 궁금해 물었지만, 공유하는 순간 효력이 떨어진다며 비밀이라는 대답이 돌아왔다.

점심으로는 야크 스테이크 집에 갔다. 이 지역에서 자란 야크로 스테이크를 굽고, 마찬가지로 이 지역 특산물인 송이버섯으로 리소토도 만든다고 했다. 약간의 독특한 향취가 났지만, 엄마에게 익숙한 서양 향신료로 조리된 스테이크는 크게 거슬리지 않는다고 했다. 송이 크림 리조또는 두말할 것 없이 두 여자의 입에 잘 맞았고. 오늘은 고성 안을 좀 더 구경해보려 했으나 밥 먹고 삼십 분도 지나지 않아 엄마가 조심스레 입을 연다.

"엄마 피곤하다. 숙소 좀 가면 안 되니?"

　오늘 한 일이라고는 대단히 조심스럽게 대불사 언덕에 오른 일과 맛있는 야크 스테이크를 먹은 것뿐이다. 한 번도 먼저 쉬자는 말을 한 적 없던 엄마가 쉬고 싶다고 이야기하는 걸 들으니, 심장이 쿵 내려앉는 것 같

았다. 예삿일이 아니라는 느낌에 약국에 들어가 어제 한 식집 사장님이 말한 고산병 약도 샀다. 그 자리에서 각자 한 병씩 고산병 약을 먹고 곧장 숙소로 돌아왔다.

전기장판을 튼 침대 속에서 온몸을 이불로 둘둘 말고도 엄마는 춥다는 말을 멈추지 않았다. 난생처음 겪는 고산병 증세에 날씨마저 춥고 흐리니 감기 기운까지 도진 것 같았다. 엄마가 '말로 설명할 수 없지만 종합적으로 이상한' 이 몸 상태에 적응 못 할 만도 했다. 나는 다소 적응이 되었는지, 어제보다 오늘이 훨씬 가뿐한데. 엄마는 그렇지 않았나 보다. 왜 미리 고산병약을 준비해 오지 않았을까, 병든 닭처럼 늘어진 엄마를 보니 엄청난 후회가 밀려왔다. 온몸이 땅에 눌어붙는 것 같은 저 역겨운 감각을 혼자 이겨내야 하는 엄마가 불쌍했다. 만약 오늘 약을 먹고 푹 쉬었는데도 내일 차도가 없다면 저지대로 내려가는 수밖에는 없었다.

'아직 샹그릴라에 온 이유이자 티베트 문화의 정수라는 송찬림사도 못 봤는데…….'

내가 엄마처럼 아팠다면 엄마는 어떤 결정을 내렸을까? 아쉬움이 약간은 남는 걸 보면, 나는 아마 엄마가 나를 사랑하는 것만큼 엄마를 생각하지 못 하는 것일지도 모르겠다.

여행 팁 15 : 체력 관리는 이렇게

정신이 몸을 지배한다고 믿어왔지만, 의외로 반대의 경우도 많았다. 몸이 피곤하면 서로에게 사소한 일로도 짜증을 냈다. 부모님의 체력이 예전과 같지 않음을 인정하자. 전자제품도 배터리가 한번 방전되면 켜지기까지 오래 걸리니, 더 소중한 부모님이 꺼지기 전에 미리미리 관리를 해야겠다.

친구끼리 떠난 여행처럼 늦은 저녁까지 알뜰히 채우며 돌아보는 일은 한두 번의 경험 정도로 만족하자. 현생에서도 월화수목금 '토일'이 있듯이 여행 일정이 길다면 하루 이틀은 쉬는 것도 좋겠다. 맛있는 것 먹기와 잔잔한 구경으로 하루를 채워도 괜찮은 건 자유여행만의 특권이니까. 부모님의 텐션이 떨어질 때는 아쉬워하지 말고 숙소 복귀로 복귀하거나 일단 휴식을 취하자. 세상에 다시 못 올 곳은 없지만, 우리 부모님은 세상에 단 하나니까 말이다.

나파하이와 말타기

다행히 시간 맞춰 고산병약을 챙겨 먹고 반나절 간을 온전히 쉬고 나니, 엄마 몸 상태가 나아졌다. 여기까지 와서 황금 마니차만 보고 돌아가면 어쩌나 싶은 불효녀스러운 걱정은 다행히 우려로만 남을 수 있었다. 샹그릴라에서의 셋째 날은 아침부터 둘의 컨디션이 훌륭했다.

고산에 드디어 몸이 적응한 듯 가뿐했다. 최소 이틀 정도는 적응 시간이 필요한 모양이었다. 머물던 숙소는 조식으로 쌀국수를 내어줬다. 느끼하지 않을 만큼만 얼큰한 국물과 술술 넘어가는 면이 쌀쌀한 샹그릴라의 아침과 참 잘 어울리는 메뉴였다.

어제까지 엄마 상태가 영 좋지 않아 계획이 불확실했지만, 새로 태어난 듯 몸이 가뿐한 오늘이라면 어디든 갈 수가 있을 것 같다. 마침 어제까지 칙칙하던 날씨도 맑아 보였다. 이렇게 기분 좋은 날, 특별한 일을 해야 할 것만 같다.

"엄마 이건 갈까 말까 했던 건데, 오늘 우리 말 타러 갈래?"

"여기 말 타는 데도 있어? 엄마 그런 거 무서운데."

"당연히 누가 잡아주지. 누가 엄마한테 혼자 타라고 할까 봐."

"근데 말을 어디서 타?"

"여기서 좀 멀긴 한데 엄청 넓은 초원이 있대. 거기서 호수를 보면서 말 탈 수 있다잖아."

초원이었다가 호수로 변하는 이상한 땅이 있댔다. 나파하이는 계절에 따라, 비의 양에 따라 그 모습이 다르다고 했다. 머물던 샹그릴라 고성에서 멀지는 않았지만 향하는 대중교통이 없어 대부분 투어를 이용하는 분위기였다. 하지만 왠지 날씨도 컨디션도 좋은 오늘. 투어가 없이도 그 이상한 초원까지 갈 수 있을 것만 같았다.

숙소 주인에게 '나파하이로 가 주세요.'라는 글자를 종이에 써 달라고 부탁했다. 작은 스마트폰 화면 글씨보다는 큼직한 글씨가 의사 표현에 유리할 것 같았다. 큰길로 가 택시를 잡고 쪽지를 펴 아저씨에게 내밀었다. 기사 아저씨는 너희가 거기를 왜 가냐는 듯 떨떠름한 얼굴이었지만

일단 맞는 방향으로 차를 몰았다. 고성에서 살짝만 벗어나도 완전한 시골이 펼쳐졌다. 길에 물소와 아기 돼지를 풀어두고 키우는 생경한 모습이 지나갔고 곧 끝없이 펼쳐진 평원이 등장했다. '나파하이 초원에 가 보고 싶다'에 꽂혀 '얼마나 클지'에 대해 생각해보지 않은 건 내 실수였다. 우기에 왔으니 호수가 생긴 부분에 가고 싶었는데, 기사 아저씨가 우리를 이상한 곳에 내려줬다. 한 말타기 체험장 앞이었다.

"여기가 아니라 호수에 가고 싶어요."

번역기를 돌려 보여줘도, 번역기의 읽기 기능으로 같은 말을 소리 내어 들려줘도. 아저씨와는 더 이상의 의사소통이 불가능했다. 눌러 쓴 모자 사이로 흰 머리가 희끗희끗한 기사 아저씨는 됐고 얼른 돈 주고 저기로 가 보라는 듯 손짓했다. 더 이상의 대화를 포기하고 택시에서 내려야 했다.

'말부터 탈 생각은 아니었는데……'

주로 단체 관광객이 오는 말타기 체험장 같았다. 기사 아저씨는 나파하이에 가는 여행객같으니 여기쯤 내려주면 되겠지 판단한 것 같다. 관

광버스가 아닌 제 발로 두 여자가 터벅터벅 걸어오니 직원이 난감한 표정을 한다.

"말을 타고 싶어요."

"두 명만 온 거예요?"

"네 저희 둘 뿐이에요."

두 명을 태워 줄 것인지에 관해 잠시간 이야기를 나누는 것 같다.

"먼저 결제하고 말 타러 바로 가면 됩니다."

"한 시간 말 타면 호수 보고 돌아오나요?"

"호수요? 무슨 소리예요. 한 시간은 요 근처만 한 바퀴 도는 거예요. 호수 가려면 세 시간 코스를 타야 해요."

세 시간이나 말을 타는 건 바라던 바가 아니었다. 왔으니 우선 말을 타고 다시 호수로 갈 방법을 찾기로 했다.

승마 체험은 열 명 정도를 한 팀으로 묶어, 팀 단위로 근처 초지를 도는 형태였다. 단체 관광객의 틈에 끼어 우리도 말에 올랐다. 말에 익숙하지 않을 관광객을 위해 모두의 말 앞에 마부가 붙는데, 꽤 전문적인 얼굴을 한 아저씨부터 십 대 소년까지 무척 다양했다. 말에 오를 때까지만 해도 마부의 존재가 크게 부담스럽지 않았지만, 막상 출발하자 마음이 복잡해졌다. 누구는 말에 앉아 편히 주위를 구경하고 누군가는 그 말을 끌며 걸어야 하는 시간. 인도에서 자전거로 인력거를 끄는 릭샤에 앉았을 때와 비슷한, 불편한 마음이 들었다. 내 담당 마부가 중학생도 안 되어 보이는 소년이라 더 그랬다. 아직 종일 생계를 위해 일하기에는 너무 작고 빼짝 마른 어깨가 앞서서 말에 묶인 줄을 잡고 걷고 있었다.

그간 얼마나 많은 차례 말이 밟았는지 초원 사이에 훤히 드러나 버린 길을 따라 나도 말을 탔다. 한 줄 서기를 잘 지키던 말은 종종 게으름을 피웠고, 그럴 때마다 마부 아저씨는 '요 녀석!' 하는 표정으로 말 엉덩이를 찰싹 쳤다. 한 대 맞은 말의 껌뻑이는 눈이 '알겠어요. 알았다고요!'라고 말하는 것 같다. 우기라 잘 자란 풀이 융단처럼 초원을 잔잔히 덮었고, 저 멀리에는 새카만 산이 병풍처럼 초원의 끝을 장식했다. 비슷하고 잔잔한 풍경의 반복은 편안한 느낌을 줬다. 말 엉덩이에 발 뒷꿈치가 통통거리며 닿는 느낌도 깜찍했다.

"엄마 어때?"

"와! 신나지~ 날~씨도 좋~고~~"

어릴 때 집에 있던 엄마 아빠의 신혼여행 사진이 생각났다. 그 속에는 한 말에 같이 올라탄 젊은 엄마와 아빠가 담겨 있었다. 지금 나보다 더 어린 엄마와 내 나이와 비슷한 아빠. 엄마의 통통한 뺨은 발그레했고 아빠의 턱은 지금보다 좀 더 다부졌다. 엄마는 그때 이후로 30년 만에 타는 말이랬다.

　초원의 안정적인 풍경을 감상하는 것도 잠시, 우기답게 또 비가 내리기
시작했다. 깨알같이 시작된 비는 점점 줄기가 굵어졌고, 심상치 않은 기
운을 감지한 리더 마부가 길을 재촉하기 시작했다. 모두가 반쯤 젖은 채
로 체험장으로 돌아왔다. 도시와 달리 초원에서는 비가 쏟아지자 모든
것이 멈췄다. 마부들은 건물로 들어가 차를 마셨고 말들도 땅에 앉아 쉬
었다. 우리는 처마 밑에서 하염없이 이 모든 풍경을 지켜보는 수밖에 없
었다. 이십 분쯤 지났을까, 비가 언제 그랬냐는 듯 또 그쳤다.

　"엄마 이제 비 그쳤으니까 호수 보러 갈래?"

　"호수? 그거 꼭 봐야 하니?"

　"여기서 야크나 구경할까?"

　"그래. 오늘 물 많이 맞았는데 호수 안 가도 돼."

　운남성에서 고기로만 맛봤던 야크. 말타기 체험장의 마당에는 지천으
로 널려있었다. 수십 마리의 야크가 상앗빛 뿔을 제외하고는 눈알부터
꼬리 끝까지 새카맸다. 딱 한 마리 새하얀 야크도 보였는데, 귀한 몸인지
꽃장식과 색 끈으로 잔뜩 꾸며둔 모습이었다. 흰 야크의 주인이자 사진
사가 가까이 와서 너희도 사진을 찍으라며 성화였다. 엄마가 그 새하얀
소에 관심을 보이자 아저씨가 신나게 엄마 머리에 전통 모자를 얹고 사
진 각도를 지도했다. 야크 사진꾼 아저씨 덕분에 30년 만에 엄마는 새로
운 말, 아니 소 타기 사진을 건졌다. 털모자를 쓰고 흰 야크를 탄 채 초원

을 용맹하게 달리는 장군 같았다.

여름에는 호수, 겨울에는 초원이라는 나파하이. 분명 여름에 그곳에 갔
는데도 초원만을 구경하고 돌아왔다. 그런데도 별로 아쉽지 않은 이유
는 호수든 초원이든 그 앞에서 엄마와 충분한 기억을 남기고 돌아왔기
때문인 것 같다.

여행 팁 16 : 고산 지대에 간다면

우리나라에서 잘 경험하기 힘든 지형인 고산 지대. 해발 2500m 이상 지역을 여행할 때는 가슴이 답답한 정도부터 현기증, 구토, 두통과 같이 심각한 고산 증상까지 나타날 수가 있다. 단순히 적응하기만을 기다리다가는 최악의 경우 사망에 이를 수도 있다고 하니, 다소 과하다 싶을 정도의 대비가 필요하다.

최고의 예방법은 천천히 고도를 올리며 적응하는 것이다. 더불어 한국에서 고산병약을 처방받아 고산 증세가 느껴지는 때는 꾸준히 먹는 것이 좋다. 어떤 약도 소용없는 상황에서는 낮은 지대로 즉시 이동해야하니, 고지대 여행은 다소 지나친가 싶을 정도로 주의하는 게 좋겠다.

엄마의 기도

티베트 자치주의 수도 '라싸'에 티베트 불교 중심지인 '포탈라궁'이 있다면, 작은 티베트 '샹그릴라'에는 '송찬림사'가 있다. 중국 정부로부터 허가받아야 닿을 수 있는 티베트에는 당분간 갈 일이 없을 것 같으니, 이곳에서 작은 포탈라궁이라도 구경하고 싶었다. 전날 쪽지를 내밀어 가까스로 나파하이에 갔던 것과 달리, 샹그릴라 최고 관광지 송찬림사로 향하는 버스는 10분마다 쉽게 찾아볼 수가 있었다. 고성에서 바로 송찬림사로 향하는 버스를 탔는데, 내리는 역을 알아차리는 것은 그리 어렵지 않았다. 어느 정류장에 닿자 기사가 모두 내리라는 듯 성화였다.

'여기서 내리라고? 아직 절이 보이지도 않는데?' 의심스러웠지만 송찬림사 입구가 맞았다. 사찰이 보이지도 않는 곳에 매표소가 있었고, 그 사이를 다시 셔틀버스로 이동해야 했다. 사찰로 들어가는 길에 나파하이를 닮은 들판과 진녹색 연못이 보였다. 짙은 연못에 노란 송찬림사가 반듯하게 비치어 완벽한 상하 대칭을 그렸다. 멀리서 봐도 이렇게 멋져 버리면 어쩌지, 심장이 두근거렸다.

버스에서 내리니 산채같이 웅장한 사원이 올려다보였다. 뿌연 회벽에 처연하게 빛나는 황금색 지붕. 세상 마지막 남은 요새처럼 옹기종기 붙어있는 건물의 모양새. 사진으로만 보던 포탈라궁과 흡사했다. 아직도

이곳에 700여 명의 승려가 기거하며 수행 중이라고 했다. 꼭대기의 사원을 중심으로 길과 숙박용 건물이 고깔처럼 모여있는 구조라 이 자체가 하나의 작은 마을같이 보이기도 했다. 종종 등장하는 기념품 가게를 구경하며, 아주 천천히 중앙 계단을 따라 꼭대기의 사찰로 향했다. 높은 땅 샹그릴라 중에서도 더 높은 이곳. 부족한 공기 틈새로 햇볕은 더욱 강렬했다. 회색과 검붉은색이 어우러진 수수한 벽, 그 위로 장식된 금빛 동물 장식, 곳곳에 나부끼는 까맣고 빨간 천 조각. 이 모든 요소가 이질적이면서도 얌전히 어우러져 처음 겪어보는 요상한 분위기를 자아냈다.

엄마는 중요한 일을 앞두면 꼭 절에 가서 기도를 올리는 선택적 불자였다. 입시, 입사, 가족이 아플 때. 엄마는 조용히 절에 다녀왔다. 필요할 때만 너무 부처님을 찾는 것 아니냐며, 내가 선택적 불자라는 별명을 붙여

놀리기도 했지만. 어른도 겪어보지 못한 풍랑 앞에서는 의지할 데가 필요하다는 사실을, 이제야 조금은 이해할 것 같다.

그렇게 절을 좋아하던 엄마가 여기가 절이 맞냐며 의아해한다. 우리나라 불교는 중국 불교와 가깝고 티베트는 인도 불교와 가깝다고 했다. 잘은 모르지만, 이 둘은 사찰 모습부터 큰 차이가 있어 보였다. 정돈되고 편안한 느낌을 주는 우리 사찰과 달리, 서낭당처럼 형형색색 천 조각을 주렁주렁 매달아 둔 티베트 불교 사원 내부는 화려한 느낌과 오싹한 느낌을 동시에 줬다. 벽에 그려진 탱화도 무척 직접적이었다. 끓는 물 위에 쌓인 뼈 무더기와 튀어나온 눈알 등 지옥의 묘사가 너무 생생해서 '죄짓고 살면 안 되겠다'는 마음이 저절로 우러나왔다.

처음에는 우리식 절과 달라 '절이 아닌 것 같다'라며 거부반응을 보이던 엄마. 익숙한 미소를 띤 부처님 앞에 서자 조금은 편안한 얼굴이 됐다. 부처님 앞에는 세숫대야만 한 용기에 담긴 양초가 이미 여럿 밝혀져 있었다. 우리네 절에 밝혀둔 초 모양과는 다르지만, 그 안에 담긴 마음은 같을 것 같았다.

어쩐지 사찰 한 바퀴 구경하는 내내 별말이 없던 엄마. 구경을 마치고 나가려 돌아서니 갑자기 말을 꺼냈다.

"잠시만."

"왜?"

"부처님께 잠깐 다시 가자."

"아까 갔잖아."

"아까는 인사를 안 드렸잖아."

놀란 마음에 아까 부처님께 못다 한 인사가 마음에 걸렸나 보다. 선택

적 불자 엄마보다 더 나일롱–신자인 나도, 언제 다시 이 부처님 앞에 기
도드릴지 몰라 엄마를 따라 했다.

벌써 샹그릴라에서의 마지막 밤이었다. 고산에 적응할 만하니 떠날 때
가 되었다. 티베트 전통 음식점에 가서 수제비와 닮은 티베트식 수프, 모
모라고 불리는 티베트식 만두, 야생 버섯구이를 먹었다. 중국보다 더 먼
땅인데도 어째 티베트 음식이 더 우리 입맛에 잘 맞는 것 같다.

시간대가 잘 맞았는지 중앙 광장에서 광장무가 한참이었다. 이백 명은
족히 넘을듯한 사람들이 한 방향으로 걸으며 같은 동작으로 춤을 췄다.
장사하다 뛰어나온 듯 앞치마 차림인 아줌마, 동네 할아버지와 할머니,
머리가 허리까지 긴 젊은 아가씨, 까까머리 어린아이, 제법 잘 따라 하는
서양인. 샹그릴라의 마지막 밤에야 이 댄스 향연을 마주하게 되다니. 가

르쳐 주는 선생님 하나 없이도 모두가 같은 동작을 추며 같은 방향으로 도는 모습이 도저히 그냥 지나칠 수 없는 구경거리였다. 한참 멀찍이서 구경하며 사진만 찍다가 결심을 했다.

"엄마, 우리도 저기 끼여서 춤춰보자."

"우리도 해도 돼?"

"될 걸 아마?"

우리도 그 행렬에 끼어들었다. 두 명이 추가되자 그 간격은 자연스레 재조정되었다. 그리 어렵지 않은 춤사위의 반복이라 흥만 많고 실력이 없는 우리도 충분히 따라 할 만했다. 남들 보는 앞에서 흔들기가 남사스럽다며 수줍게 상체만 흔들던 엄마도 점점 이 광기 어린 달밤 댄스에 젖어가는 중이다. 춤추니 웃음이 났다. 계단 오를 때는 숨이 턱턱 막히더니, 같은 속도로 춤출 때는 이상하게 하나도 힘들지가 않았다. 적응이 만만찮던 샹그릴라는 떠날 때가 되어서야 우리에게 가진 것을 다 내어 보여 줬다. 송찬림사의 평온함, 입에 착 맞는 티베트 음식, 흥만 많은 우리도 낄만한 광장무. 잊지 못할 샹그릴라에서의 밤이 저무는 중이었다.

없어 봐야 소중함을 아는

다음 날 아침, 가까스로 적응한 샹그릴라를 떠나야 했다. 공항과 시내만 잇기에는 타산이 맞지 않는지, 대부분의 택시 기사가 공항까지의 운행을 거부했다. 비행기 시간에 늦을까 애간장을 엄청나게 졸이다 겨우 한 택시를 만나 공항에 도착했다. 세상에 그렇게 번잡한 곳이 또 없던 '쿤밍 역'과 대비되는 '샹그릴라 공항'이었다. 머쓱할 만큼 사람이 없어 불 밝힌 서너 개의 카운터 중 하나에서 곧장 탑승 수속을 마치고 대합실로 들어갔다. 비행기 시간을 30분 남기고서야 쿤밍으로 향하는 사람들이 모였다.

'뭐야……. 늦게 와도 됐잖아…….'

역시 중국 땅의 규칙은 끝까지 알 수가 없었다.

2주 만에 쿤밍 공항으로 돌아왔다. 이번에는 첫 방문 때 보다 익숙하게 시내로 가는 버스표를 구했다. 마지막으로 예약한 국제 체인 호텔에서는 다행히 영어로 체크인이 가능했다. 손짓발짓을 동원해 소통했던 쿤밍에서의 첫 호텔을 떠올리면 이마저 감사한 일이었다.

'익숙한 도시가 아닌 낯선 곳으로 가고 싶다!'

외쳤지만 대도시가 주는 편리하고 다채로운 맛이란. 역시 벗어나기가 힘들다. 리장과 샹그릴라를 먼저 돌아보고 큰 도시로 나오니 모든 인프라가 감사하게 느껴졌다. 인터넷이 펑펑 터짐에, 버스를 타고 어디든 갈 수 있음에, 빙수 가게가 있음에. 길거리에 넘쳐나는 넉넉한 모든 것들에 감동이 밀려왔다.

길을 걷는데 멜론, 망고, 수박, 복숭아가 반짝반짝 윤나게 쌓여있는 과일가게가 보였다. 과도를 챙겨오지 않아 저 망고를 하나 못 사 먹고 간다며 아쉬워하던 때, 한쪽에서 큰 칼을 반복적으로 움직이는 아주머니가 보였다. 멜론, 수박의 딱딱한 껍질을 절단할 때는 중식도로 퍽퍽 내려찍었고, 속 과육을 발라낼 때는 작은 과도로 섬세하게 도려냈다.

'바로 이거야!'

큰 멜론을 하나 집어 내밀자 아주머니가 '쓰읍' 하며 랩 덮인 반 통짜리 멜론을 가리켰다.

'너희 이거 다 먹겠니? 그냥 이거 사지?'라고 말하는 것 같아, 아주머니에게 엄지-척을 보이고 반 통짜리 멜론을 샀다. 아줌마가 엄마보다도 능숙하게 과일을 썰어 도시락에 담아 내밀었다.

　쿤밍 시민들의 산책코스라는 연꽃 공원에도 갔다. 엄마가 보랏빛 원피스에 밀짚모자를 쓰고 나온 날이었다. 늦은 오후 노란빛 받은 수련 앞에서 셔터를 누르니, 마치 모네 그림의 한 장면 같은 장면이 연출됐다. 아직 해도 지지 않았건만 연꽃 공원 한쪽에서 광장무가 한창이었다. 대도시의 춤사위는 너무나 격렬했고 아직 해도 너무 쨍쨍해 그 광장무에는 참여할 용기가 나지 않았다. 잠시 벤치에 앉아 멜론을 집어먹으며 춤사위를 구경하다 공원을 빠져나왔다.

　오골계 삼계탕, 야크 훠거와 같은 음식에 지쳐 KFC에 갔다. 익숙한 맛 그대로인 치킨버거와 아이스 커피를 번갈아 먹고 마셨다. 바로 옆에는 쿤밍에서 가장 큰 대형 쇼핑몰이 있었다. 중국의 최신 유행을 한 바퀴 구경했지만 별로 눈에 들어오는 것이 없었고, 작은 그릇에 떡과 망고를 소

복이 얹은 빙수 모형만 눈에 들어왔다. 떡과 팥과 망고가 넉넉한 우유 빙수를 떠먹는데 그 맛이 익숙해 여기가 서울인지 쿤밍인지 알 수가 없었지만, 그래도 좋았다.

쿤밍 마지막 날에는 '운남 민속촌'에 갔다. 운남성은 중국 소수민족 56개 중 26개 민족이 모여 사는 독특한 지역이다. 운남성이 베트남, 미얀마, 라오스와 접해있는 만큼 소수민족이 많다고 했다. 한국 민속촌만 가도 넓은데, 26개 민족의 민속촌을 모아뒀다니. 민속촌 내부는 지도를 보고도 방향 잃을 만큼 아주 넓었다. 백족, 묘족, 나시족, 태족, 와족, 장족, 이족 등 많은 민족의 가옥이 옛 모습 그대로 꾸며져 있었고, 그 앞에서 전통의상 입은 소수민족이 관광객을 맞았다. 나시족 마을에는 리장에서 자주 봤던 나시족 문자가 눈에 띄었다. 샹그릴라에서 본 티베트족 마을은 어쩐지 유난히 작게 꾸며져 있단 느낌이 들기도 했다. 운남성을 돌아보지 않고 민속촌 구경을 왔다면 보이지 않았을 풍경들이다. 아는 만큼 보인다는 소리가 틀리진 않았다.

민속촌에서는 전통의상을 빌려줬다. 26가지의 전통의상 중에서 가장 화려한 옷을 입어보자는데 둘 다 동의했다. 마치 교황 모자처럼 뾰족한 모자에 공작새처럼 화려한 수가 놓인 복장을 엄마가 꼽았다. 미디어에서조차 한 번 본 적이 없는 복식이었다. 이번에도 엄마는 별 고민 없이 빨간색을 선점했다. 나는 완전히 대비되는 파란색 의상을 입기로 했다. 베테랑 아주머니들이 재빠르게 스팽글 가득한 원피스를 걸치고 황금빛 허리

띠를 졸라매 줬다. 공작새같이 뾰족하고 치렁한 모자를 덮어쓴 꼴이 화려한 꼴뚜기 모녀 같았지만 뭐 어쨌든 좋았다.

중국에 도착하자마자 대도시인 쿤밍부터 구경했다면, 주어진 3일이 이렇게 즐겁지 않았을 것 같다. 리장같이 옛 모습 그대로 남은 지역, 호도협과 샹그릴라처럼 자연 친화적인 지역을 먼저 다녀왔기에 쿤밍에서의 시간은 익숙한 모든 것이 감사했다. 과연 없어 봐야 소중함을 아는 게 맞다.

여행 팁 17 : 마음의 각오

외국어에 덜 익숙한 부모님이 외국에서 기댈 사람은 나 뿐이란 걸 안다. 물건값은 얼마인지, 저 간판은 무엇인지 모조리 내게 묻는 엄마에게 여행 초반 친절히 대답해드리기도 했지만. 내게 모든 것을 의존하는 엄마가 종종 버겁게 느껴지기도 했다.

"내일은 뭐 해? 내일은 어디가?"

묻는 엄마에게

"아 엄마도 좀 찾아봐!"

라고 모진 말을 내뱉고 말았다. 엄마가 검색으로 얻을 수 있는 정보란 나보다 훨씬 한정적임을 알면서도. 순간을 못 참고 내질러버리고 만 순간이 두고두고 후회된다.

20년 전 세상 온갖 것을 물어대던 내게 인생 선배로서 끊임없는 대답을 해주던 부모님. 그 사실을 기억하며 다섯 번은 더 참고 인내의 대답을 건네자.

제5장

매일 떠날 순 없잖아, 일상에서 떠나는 효도 여행

카페 나들이

딸은 취업을 위해 집을 떠나 살게 되었다. 처음에는 두 달에 한 번쯤 본가에 가다가 그 간격이 점점 길어졌고, 이제는 행사가 있어야만 집에 가는 이방인이 되었다. 엄마 껌딱지였던 딸. 엄마랑 손잡고 마트 가는 걸 가장 좋아했던 딸의 변화에 늘 서운해하는 경숙 씨다.

그래도 어쩔 수가 없다. 점점 삶의 터전이 내 집으로 옮겨 와 버린 나는, 이제 집에 가면 딱히 할 일 없는 신세가 됐다. 전형적인 빈 둥지 증후군을 앓던 경숙 씨는, 딸이 집을 나간 지 삼 년이 되어서야 그 사실을 완전히 받아들인 것 같다.

일단 '집에 간다'라는 소식을 전하면 경숙 씨 목소리는 하이톤이 된다. 그리고 그날이 다가오면 질문 세례가 쏟아진다.

"몇 시에 올 거야?"
"저녁에 뭐 먹을래?"
"장은 뭐 봐 놓을까?"

저녁으로는 뭘 먹어도 관계없고 집 냉장고라면 내 집 냉장고보다 스무 배는 풍성할 테니 따로 장 볼 필요도 없지만. 엄마 흥을 깨지 않기 위해 '소고기 먹고 싶어~' 같은 답장을 보낸다.

분명히 소고기를 먹고 싶다고 말했지만, 밥상에는 더욱 다양한 음식이 차려진다. 얼마 전에 담근 부추김치, 총각김치, 배추김치는 무조건 맛보고 평을 해내야 한다. '맛이 덜 들긴 했는데……'를 굳이 덧붙이면서도 왜 맛이 덜 든 김치를 주섬주섬 다 꺼내고 보는지, 모르는 바는 아니다. 알맞게 맛이 들었을 때는 곁에 없을 딸에게 일단은 하나라도 더 맛보이고 싶은 마음이 아닐까. 엄마가 좋아하는 포트메리온 접시는 오늘도 전부 건조대에서 끌려 나와 이 반찬 저 반찬을 받치며 제 소임을 다한다.

밥을 다 먹고 나면 과일타임이 이어진다. 이 시간은 단순히 과일을 먹는 시간이 아니라 근황 토크 타임에 가깝다. 요즘 회사 생활은 어떤지, 남자친구와는 잘 지내는지, 네가 밥은 뭘 해 먹고 사는지. 묻는 말에 정성스레 대답을 하는 편이 좋다.

그리고서야 내 방으로 들어갈 기회가 주어지는데, 집을 떠난 지 오래지만 내 방은 변함없이 깨끗하다. 아무도 살지 않는 방이건만, 신기하게도 늘 계절에 맞는 이불이 침대에 깔려있다. 누구의 손길인지는 안 봐도 뻔하다. 이번엔 못 보던 이불이 내 침대에 깔려있다.

"엄마 이불 웬 거야?"

"너 온다고 샀어."

"옛날에 덮던 거 덮으면 되지."

"온다기에 샀어."

"집에서 두 밤 자고 갈 건데. 뭐하러 새 걸 사."

라고 말하고 가슴팍까지 덮은 이불에서 올라오는 익숙한 세제 냄새. 그 변함없는 향이 나를 향한 엄마의 사랑을 일깨우는 것 같다.

엄마는 여전히 바쁘다. 딸이 오는 날 만이 가정주부에게는 공식적인 휴가다. 오늘 점심과 저녁은 알아서 하라고 아빠와 동생에게 엄포를 놓고 요양보호사님께 할머니도 맡겨야 엄마의 외출준비가 시작된다. 분주하게 준비를 마치고 결국 향한 곳은 카페다. 때에 따라서 그 목적지는 전망 좋은 강변 카페가 되기도 하고 근교의 베이커리 카페가 되기도 한다.

엄마는 아침이면 커피를 가득 내려두고 시시때때로 커피를 마시지만, 늘 집에서 커피를 마시기에 남이 내려주는 커피를 마시는 것 자체가 좋았다. 엄마는 '남이 내려주는 커피'를 '남이 깨끗하게 치워둔 장소'에서 마시는 시간을 무척 소중하게 여겼다.

남의 손길로 정갈히 꾸며둔 공간에 잠시 머물다 가는 일. 호텔과 카페는 그런 점에서 닮았다. 당장 어디로 훌쩍 떠나지 못하는 일상 속, 정갈하게 꾸며진 카페 안 편안한 소파는 잠깐의 여유를 준다. 늘 자신이 그런 공간을 유지하는 역할인 경숙 씨에게는 이 한두 시간이 더 달콤해 보였다.

굽어 나가는 강이 내려다보이는 카페, 골동품 찻잔이 가득한 카페, 오래된 한옥을 개조해 만든 카페, 자작나무 숲이 통창으로 내다보이는 카페. 가는 시간, 오는 시간 포함해 세 시간이면 즐길 수 있는 간단한 여행지였다. 엄마가 좋아하는 커피와 이야기를 홀짝일 수 있어 더 좋았다.

입맛 지평선 넓히기

엄마는 음식 앞에서 유독 흥선대원군 같다. 낯선 음식을 극도로 경계하며 입에 맞지 않는 음식은 명확히 거부한다. 그런 경숙 씨가 유독 좋아하는 외국 음식은 '양식'이다. 파스타, 스테이크, 피자, 돈가스. 양식이라면 종류를 가리지 않고 대찬성하는 경향이 있다. 역설적이지만, 양식에 낯선 향신료가 들어가 있다면 반응이 그리 나쁘지만은 않았다. 꼬리꼬리한 치즈가 들어간 피자도, 낯선 허브로 향을 낸 파스타도 반응이 괜찮았다. 동남아, 중국에서는 그놈의 향신료를 그렇게 싫어했으면서.

양식 중에서도 경숙 씨의 최애-양식을 꼽으라면 아마 '돈가스'일 거다. 어릴 때부터 경숙 씨와의 외출은 돈가스로 마무리되는 경우가 많았다. 경양식 돈가스든 일식 돈가스든 상관없었다. 마지막에 본가에 갔을 때는 조금 특별한 돈가스 가게에 갔다. 집 근처 프랜차이즈 돈가스 가게 말고 굳이 차 타고 멀리 있는 가게를 찾았다. 돈가스를 먹으면 나갈 때 미니 꽃다발을 주는 가게였다.

오래된 한옥 주택을 개조해 만든 작은 식당 앞에는 자그마한 잔디 정원이 있었다. 딱 네 개의 실내 테이블 위에는 손님에게 오늘 선물할 꽃과 같은 종류의 꽃이 화병에 꽂혀있었다. 먼저 소꿉장난 같은 애피타이

저가 나오는데, 계절 과일, 요거트, 버터, 빵이 나와 작은 나이프로 요모조모 발라먹는 재미가 있었다. 주인아주머니의 감각으로 꽉 찬 한옥 주택 식당은 어디를 둘러봐도 아름다웠다. 서까래를 살린 천장, 곳곳에 걸린 그림, 테이블마다 한두 송이 꽂혀있는 꽃. 엄마들이 좋아할 분위기에서 엄마랑 이야기를 나누는 사이에 돈가스가 나왔다. 경양식도, 일식도 아닌 이 집만의 돈가스였다.

운남성 여행 이후로 중국 요리를 '먹을 수는 있게 된' 경숙 씨와 한국에서 만날 때 딤섬 집을 가기도 했다. 마라 맛이 너무 미약해서 알싸해지려다 만 우육탕면을 잘 먹는 엄마 모습을 보니 약간 반성도 됐다.
'모든 일에는 단계가 필요하구만.'
K-패치되어 순한 맛이 나는 크리스탈 제이드의 우육탕면은 그럭저럭 엄마 입에 맞는 듯 보였다.
'이 맛을 즐기게 되고 나서 야크 휘거를 먹으러 나갔어야 했는데…….'
중간 과정 없이 끝판왕부터 만나게 한 건 아닌가. 살짝 미안한 마음이 들었다.

엄마 생일 때의 이야기다. 엄마 생일상을 엄마 손으로 차릴 수는 없으니, 외식을 하러 나갔다. 아빠 생일이라면 한정식집에 갔겠지만, 엄마는 아빠와 기호가 전혀 다르기에. 양식 코스를 파는 레스토랑에 갔다. 비빔밥을 좋아하는 두 남자는 치즈 가득한 에스까르고와 랍스터, 버터 가득한 스테이크가 차례로 이어지자 정신이 혼미해 보였다. 엄마는 달랐다.

자신을 위한 음식 하나하나를 소중하게 음미했다. 서양 달팽이 요리는 낯설었지만, 망설이지 않았다. 상큼한 살구 절임과 치즈케이크로 피날레를 장식할 때까지 매 접시를 즐겼다. 네 명 중 오직 두 명 입에만 맞았지만, 두 남자 역시 투덜대지 않았다. 오늘은 엄마의 날이니까.

　인도식 커리와 난, 멕시코식 타코와 부리또. 엄마 입맛 저변을 넓혀주려 엄마와 데이트 때는 가능하면 새로운 요리를 먹으려 한다. 엄마가 내게 걸음마와 글을 가르쳐 볼 수 있는 세상을 넓혀주었듯. 이제 조금 더 외국 구경한 딸이 엄마 모시고 '새로운 맛의 세계'를 만나게 해 주려 시도하는 중이다.

우리 엄마 가꾸기

문득 엄마 나이가 느껴질 때가 있다. 단소만큼 굵어져 버린 손가락 마디, 미간과 눈가에 패인 주름, 머리에서 점점 영역을 넓혀가는 중인 흰 머리칼. 식탁 위에 추가된 영양제들.

내가 초등학생 무렵, 마흔 살 전후의 엄마 모습이 기억난다. 늙지도 젊지도 않았던 엄마였다. 아직 본격적인 파마머리 시대로 접어들기 전, 엄마는 귀밑 단발 정도의 머리 길이를 유지했다. 염색 없이도 짙은 자연 갈색 머리가 아름답게 찰랑거리던 시절이었다. 아가씨 시절보다 몸의 굵기가 전반적으로 약간씩 굵어지긴 했지만, 아직은 전신에 탄력이 가득하던 엄마다. 엄마 눈꼬리는 살짝 위쪽으로 치켜 올라가 있어서 지금보다는 도도한 인상을 줬다. 코와 입술 모양은 변함없이 선명한 편이었다. 탄력 있는 뺨과 가로 주름 없는 목도 그녀가 아직 완전 '아줌마'는 아님을 보여준다.

천방지축인 애 둘 키우느라 정신없었지만, 돌이켜보면 엄마는 그래도 '애들 어릴 때'가 가장 좋았노라 말한다. 이따금 이 말에서 숨은 뜻을 상상해 본다. 엄마가 그리워하는 건 '우리가 어렸을 때' 그리고 '본인도 젊던' 시절이 아닐까.

불가능할 걸 알지만 조금이나마 그리운 시절로 돌아가고자 엄마와 피부과에 가 보톡스를 맞은 적이 있다.

"미간 보톡스 맞으려고요."

"따님이요?"

"아니, 엄마요."

"어머님 미간에 보톡스 맞아보신 적 있으세요?"

"아니요, 많이 아파요?"

"약간 따끔할 정도예요."

그 힘겨운 세월도 이겨 왔으면서, 고작 가느다란 바늘 세 번 찌르는 일이 뭐 그리 겁나고 떨리는지. 진료실 앞에 앉아 제 순서를 기다리는 경숙 씨는 괜히 내 손을 조몰락거렸다. 엄마 이름이 불렸고 처치는 1분도 지나지 않아 끝났다.

"아팠어?"

"아팠어! 안 아프다며!"

"약간은 아프지 당연히. 그래도 바늘이 들어가는데."

"다신 안 맞아!"

보톡스의 독성이 근육을 마비시키려면 며칠은 필요하댔다. 엄마 미간이 얼마나 확 펴지는지 살피지 못한 채 내 집으로 돌아와야 했다. 엄마는 별로 효과가 없었다고 했다. 약물을 집어넣었는데, 별 효과가 없을 리가 없다. 아마 다시 주사 맞기 싫은 엄마가 거짓말을 하는 것 같다.

머리할 때가 되면 괜히 본가에 가기도 했다. 단발에 가까운 엄마가 파마를 세 번 할 때쯤 머리 긴 나는 다음 파마를 하러 갔다. 아주 오래전부터 우리가 같이 다녀 꼭 마음에 들게 머리를 말아내는 그 미용실에서 서네 시간 동안 엄마와 수다를 떨었다. 혼자 머리하러 가면 그리도 길던 그 시간이 순식간에 지나갔다. 내가 없이 혼자 와서 머리를 말던 날, 엄마는 그 심심한 시간을 혼자 견디며 미용실에 앉아있었겠지.

얼마만의 전시회일까

이번에는 경숙 씨의 청춘 시대 이야기를 해보겠다. 시집올 때 엄마가 가져온 '아빠와 결혼하기 전' 사진첩을 본 적이 있다. 고등학생 때 사진으로 시작되는 앨범의 끝자락에는 대학생 경숙이의 모습이 남아있었다. 내가 기억하는 마흔 살 무렵 경숙이보다 더 날씬한 몸과 눈꼬리가 인상적이었다. 약간 오동통한 종아리는 여전했으나, 사진첩을 뒤적이는 나보다도 어린 경숙 씨 모습은, 내가 기억하는 어떤 엄마의 모습과도 달랐다. 기억 속 엄마의 머리 길이는 단발 정도부터 시작되지만, 이십 대 초반 경숙이는 머리가 나처럼 길었다. 이 대 팔 가르마로 풍성하게 머리를 넘긴 모습이다. 하늘 끝까지 솟으려 하는 저 앞머리는 분명 사진이 찍히던 날 아침 열심히 드라이해 낸 결과물일 것이다. 그때의 경숙은 머리 손질에 능숙했던 모양이다. 지금은 결코 볼 수 없는 미니스커트 입은 경숙. 하늘로 솟을 것 같이 어깨 부풀린 재킷을 걸치고, 그 위로 와인색 크로스백을 멨다. 그때 경숙은 앞코가 뾰족하고 굽도 높은 구두를 신고도 넓은 교정을 오래간 걸어 다닐 수 있었나 보다.

"이 사자머리 친구가 자주 보이는 거 같아. 누구야?"

"미애네."

"미애랑 아주 친했던 모양인데?"

"대학 다닐 때 친했지."

"요즘에 이 아줌마는 뭐 해?"

"글쎄, 연락이 끊긴 지 오래되어서."

앨범의 어느 장에는 전시회장 앞에 선 경숙 씨의 모습이 있었다.

"오, 엄마 전시회도 보러 다녔어?"

"그러면! 엄마도 아가씨 땐 교양 좀 있었지."

사진기 앞에서 얇은 손마디를 가지런히 포갠 젊은 경숙 씨는 꽤나 새초롬한 표정이었다.

외국 작가의 전시회에 함께 간 적이 있다. 매표소를 지나자마자 사람 키 몇 배만 한 거대한 빨간 공에 흰 점을 찍어 매달아뒀고 무지개색 도트를 찍은 커다란 튤립, 참여자가 스티커를 마음껏 붙이며 완성해 가는 작품, 거울 수십 개가 마주 보며 끝없는 프랙털을 만들어내는 무한 거울 작품이 보였다. 엄마는 의외로 변화한 요즘 미술관에 금세 적응했다. 스티커를 마음껏 붙이고, 거울 속 환영이 실제이기라도 한 듯 걸음을 이리 저리 옮겨 다녔다.

한 번은 구시가지에 남은 소극장으로 연극을 보러 가기도 했다.

"아직 여기에 이런 게 남아있구나. 다 없어진 줄 알았더니."

"옛날부터 이 자리에 있던 거야?"

"당연하지. 요즘에 이쪽은 다 변한 줄 알았어……."

좁고 낮은 소극장 의자에 앉아 불편한 자세로 함께 연극을 감상했다. 비슷한 장면에서 우리는 함께 코를 훌쩍이고 같은 포인트에서 웃기 시작했다. 연극이 끝나고 나오는 길에 물었다.

"엄마 엉덩이 아프지 않았어?"

"아니! 전혀. 연극이 재미있어서 하나도 안 아팠어!"

"나는 엉덩이 아프던데…….."

"젊은 애가 엄살은!"

두 시간 동안 이십 대로 돌아간 경숙이는 나보다 더 강인한 면모를 보였다.

같은 일만 하면 사람은 금세 늙고 만다. 늘 일터, 집안일로 반복적인 삶만 살아왔던 터다. 가끔은 안 먹던 음식도 먹고, 안 하던 구경도 하면서 살고 싶다. 엄마도 그랬으면 좋겠다. 거창한 전시가 아니라도 좋다. 마트에서 장을 보다가, 백화점에서 옷을 구경하다가. 문화센터 한 귀퉁이에 전시가 마련되어 있으면 들어가서 함께 즐기고 나오는 모녀. 나와 엄마는 그렇게 같이 늙어가고 싶다.

딸, 언제 또 올 건데?

엄마와 데이트가 끝나고 내 집으로 올라가는 길. 그때는 늘 엄마가 기차역까지 나를 태워주곤 한다. 데리러 오는 길에 그 말 많던 엄마가 급격히 말이 적어진다.

"데리러 갈 때는 그렇게 신나는데, 떠날 때는 기분이 이래. 엄마는 이 길이 제일 싫어."

같은 길이 세상에서 제일 좋았다가 제일 싫을 수도 있구나. 엄마는 그렇구나.

"다음에 또 올게."

"말만!"

진짜 갱년기인가보다. 딸이 어디 사지로 떠나는 것도 아닌데. 나 그냥 일하러 가는 건데. 엄마가 코를 훌쩍인다.

"언제 올 건데?"

"그건 모르지."

"그거 봐라."

더 욕심내지 않고, 그녀가 딱 지금처럼만 내 곁에 있어 줬으면 좋겠다.

종종 갱년기 때문에 성품이 오락가락해도 좋다.

아프지만 말기를.

삼십 년을 남 위해서만 살았으니,

남은 오십 년은 자신만을 위해서 살기를.

사랑하는 엄마에게 간곡하게 부탁하고 싶다.

마치며

　서로를 위하는 마음으로 출발한 길이었지만, 내내 함께하는 여정이 분명 쉽지만은 않았다.

　'내가 미쳤지! 여길 왜 엄마랑 오재서!' 생각하고 나중에 반성한 적도 있지만, 아마 그 순간 엄마도 '내가 미쳤지! 여길 왜 쟤랑 와서!'라고 생각했을 거라고 합리화를 해 본다.

　엄마와의 여행 이야기를 전하기 위해 굳이 지난 일들을 곱씹어보자니, 현실의 여행 장면이 떠올랐지만. 사실 무사히 돌아온 이후엔 다 잊고 살았던 이야기들이다. 결국 기억에 강렬하게 남은 건 엄마가 흰 야크를 타고 신이 났던 모습, 기가 막히게 맛있는 코코넛 커피를 맛보고 동시에 작은 감탄을 내뱉은 순간, 둘이 맥주 한잔을 걸치고 달빛 아래서 춤을 췄던 장면 정도다.

엄마를 '모시고' 다닌다고 생각할 땐 부담되어 하루가 천천히 흘렀다. 어차피 내가 완벽한 가이드가 될 수 없음을 받아들이고 엄마랑 그냥 '같이' 여행한다고 생각하니 시간이 쏜살같이 흘렀다. 지금 현실로 돌아와 각자의 자리에서 각자의 역할을 하며 살아가고 있지만, 분명 우리가 함께했던 빛나는 기억의 조각들이 우리 현생의 무게를 견디게 돕는다고 믿는다.

간만에 오랜 시간을 오롯이 함께 보내니 종종 과거로 돌아간 듯한 느낌이 들기도 했다. 내가 으슬으슬하다고 말하는 즉시 제 침대에서 내려와 내게 턱 끝까지 이불을 당기어 주는 엄마. 아무리 내가 잘난 척을 해도 변하지 않는 사실 하나가 있다. 엄마는 내 엄마다. 어른이 되었답시고, 나도 돈을 번답시고 까불어 대지만 그 위대한 역할은 서로 바뀔 수가 없었다. 독립하고 같이 지내는 시간이 적었기에 잊고 살던, 엄마의 '엄마력'을 톡톡히 느낄 수 있는 기회였다.

　누구보다 친했고 엄마를 사랑한다고 생각했지만, 사실 나는 엄마를 잘 모르고 지냈는지도 모르겠다.

　'엄마 말고 인간 이경숙 씨가 무엇을 좋아할까?'

　떠올려보지만 대답이 선뜻 나오지 않는다. 만약 엄마에게 같은 질문을 한다면 아마 엄마 입에서는 정답에 가까운 서너 가지가 쉴 새 없이 쏟아질 것이다. 사랑으로 관찰했던 결과들 말이다.

　하루라도 우리가 젊은 날, 함께 여행하고 돌아온다면 후회보다는 만족이 더 클 거라고 확신한다. 전국의 임시 가이드, 그리고 임시 가이드와 함께하며 고생하고 즐거울 모든 부모님의 행복한 여행을 기원합니다.

엄마와 함께 춤을

초 판 1 쇄 2023년 1월 25일
초 판 2 쇄 2023년 12월 15일
지 은 이 오수정
표지 일러스트 곽채민
펴 낸 곳 하모니북

출 판 등 록 2018년 5월 2일 제 2018-0000-68호
이 메 일 harmony.book1@gmail.com
팩   스 02-2671-5662

ISBN 979-11-6747-083-6 03980
© 오수정, 2023, Printed in Korea

값 16,000원